世界重大
发明与发现

万永勇　编著

光明日报出版社

图书在版编目（CIP）数据

世界重大发明与发现 / 万永勇编著 . -- 北京：光明日报出版社，2011.6
（2025.1 重印）

ISBN 978-7-5112-1129-3

Ⅰ . ①世… Ⅱ . ①万… Ⅲ . ①创造发明—世界—青年读物 ②创造发
明—世界—少年读物 Ⅳ . ① N19-49

中国国家版本馆 CIP 数据核字 (2011) 第 066329 号

世界重大发明与发现

SHIJIE ZHONGDA FAMING YU FAXIAN

编　　著：万永勇

责任编辑：李　娟　　　　　　　　　　责任校对：华　胜
封面设计：玥婷设计　　　　　　　　　封面印制：曹　净

出版发行：光明日报出版社

地　　址：北京市西城区永安路 106 号，100050

电　　话：010-63169890（咨询），010-63131930（邮购）

传　　真：010-63131930

网　　址：http://book.gmw.cn

E－mail：gmrbcbs@gmw.cn

法律顾问：北京市兰台律师事务所龚柳方律师

印　刷：三河市嵩川印刷有限公司

装　订：三河市嵩川印刷有限公司

本书如有破损、缺页、装订错误，请与本社联系调换，电话：010-63131930

开　本：170mm×240mm

字　数：150 千字　　　　　　　　　印　张：12

版　次：2011 年 6 月第 1 版　　　　　印　次：2025 年 1 月第 4 次印刷

书　号：ISBN 978-7-5112-1129-3

定　价：39.80 元

前　言

　　世界每时每刻都在发生着新的改变，小到一粒微尘，大到苍茫宇宙，自然万物除了自身的变化规律外，科学技术起到了不可估量的推动力量，我们把这个强大的力量归功于发明和发现。发明和发现作为人类社会进步的原动力对人类产生了深远的影响。科技的每一次进步都推动人类前进了一大步，可以说科学技术推动了人类社会的发展进程。

　　《世界重大发明与发现》是一本旨在引领青少年探索改变人类命运，发现科学的奥秘与规律，并在此基础上有所发明创造，正如爱默生所言：一项发明创造会带来更多的发明创造。读本书能让青少年树立正确的科学观，学会站在巨人的肩膀上做巨人。阅读科学家的发明故事能启迪自己的智慧，产生钻研科学的浓烈兴趣。伟大的科学家和发明家富兰克林曾勉励青少年说："我们正在享受着他人的发明给我们带来的巨大益处，我们也必须乐于用自己的发明去为他人服务。"

　　本书精选了多项改变世界的重大发明和发现，通过讲述科学家发明、发现的过程，阐述了发明与发现的重大作用和深远影响，探索这些科研成果带给人类的启迪意义，给读者展示了一部脉络清晰的科技史，从而洞开波澜壮阔的人类探索历程，凸显重大发明与发现和人类文明的关联，加深青少年对科学改变世界的理解，启发新的科学发明和发现。全书深入浅出、通俗易懂，融科学性、知识性和趣味性于一体，是青少年掌握科学知识的理想读本。

　　本书通过科学系统的分类、词条式的阐述方式、形式多样的辅助栏目、解析详细的珍贵图片等多种编排形式的有机结合，以一种全新的方式诠释科学。同时，本书将版式设计和体例巧妙结合，开辟了"大事记"等一些辅助栏目，对世界发展史上较有影响的大事件、发现和发明、名人等作全面的补充介绍，以加强知识的深度和广度，力图用较小的篇幅清晰而完整地呈现世界重大发明和发现的概况，进一步拓展青少年的知识面，启迪思维，开发智力。全书精选的 100 多幅与内容相契合的精美图片，包括各项发明和发现的实物图片、原理解析图、重要人物照片等，直观地反映了发明和发现的全貌，力图打造一个具有丰富文化内涵的多彩阅读空间。本书将如实记述人类探索和发现的印迹，回顾世界文明进程中的一个个精彩时刻，带领青少年开始一个愉快的科学探索和发现之旅。

目　录

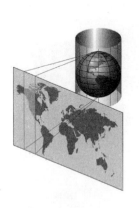

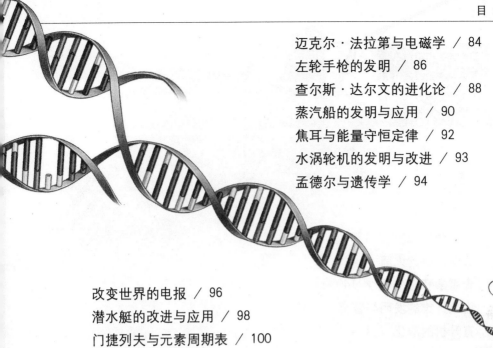

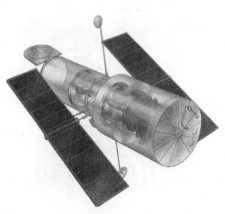

照亮人类文明进程的火

获取火种和生火改变了早期人类的生活方式。火不仅带给人类温暖，还为人类提供了一种防御手段，并且使人们可以定居在原本不适宜居住的地方。用火烹制食物大大丰富了人类的食谱，人类的身体也因此变得更强壮。人们围坐在温暖的火堆旁，为交流创造了机会，这有利于促进人类智力的发展和社会的形成。

火对人类文明的进步具有重要意义。人类利用火烧熟食物、抵御寒冷、获得耕地、制作陶器，并熔化金属铸造货币。历史学家通常认为生活于距今185万～40万年前的原始人的一支——直立人首次使用了火，接着，火的使用逐渐从非洲传播到亚洲和欧洲。

原始人目睹了闪电是如何点燃干燥的草木的，并且在世界的某些地方，他们还发现熔融的岩浆和热的火山灰会点燃植物。最初，人类可能只是简单地从自然界获得类似上述的火种，然后采用一定的方法维持火种，比如，保留炽热的煤或火盆里的木炭。后来人们开始用持续燃烧的灯或蜡烛长期保存火种。

事实上，生火十分困难，而所有早期的生火方法都依靠摩擦——当两个物体表面相互摩擦时，它们会变热。早期的生火方法使用两片木头摩擦生火。这些方法用到了火棍和火钻。火棍是一根干木棍，一端很钝，可以在一块较大的木头上的小孔中迅速转动。人们把火棍放在两只手掌中，来回迅速搓动，木棍随之转动，木头之间的摩擦使它们逐渐升温，最终达到着火点，产生的热量点燃了小孔中的干草。棍-槽法是火棍法的演变形式，这种方法是把火棍在木块的凹槽中用力来回摩擦。

火钻法的原理是用弓来转动火棍，弓上的线在火棍上缠绕几圈，随着弓被前后拉动，火棍向着不同的方向转动，摩擦生热。原始人还用燧石敲击黄铁矿（硫化铁矿类）产生的火星来生火。火星落到诸如干草、羽毛或干木屑等易燃物上，再用力吹就可以让火着起来。人类使用火绒箱已有超过2000年的历史，火绒箱包含了生火必需的所有物品：燧石、可供敲打的硬物以及可被火点燃的易燃物（通常是干苔藓或干羽毛）。

尽管如此，火柴的发明才是人类取火的最终突破，但这直到19世纪伴随着化学的进步才得以实现。

●史前人类很可能夜以继日地燃烧着篝火。熊熊的篝火不仅能为人类带来温暖，还可以用来烧熟食物，也能让大部分动物避而远之。

谷物和其他农作物的起源

全世界共有超过 7.5 万种可供人类食用的植物，但是世界粮食的 60% 仅仅来源于其中 3 种：小麦、玉米和水稻。

●这幅瑞典的岩画可追溯到公元前 1800 年左右的青铜器时代，画中的人驱使动物拉犁，证明当时种植业和畜牧业都已经很好地发展起来了。

人类最初只是狩猎者和采集者。我们的祖先以野外采集的植物为食，但如今，野生植物在我们的食谱中只占了很小的一部分。人工培育的植物不同于野生植物，在人类人工筛选后，它们经历了快速地进化，人工培育的植株所具有的特征譬如尺寸大、口味好、产量高等，与自然选择的结果不同，而且现在大多数人工培育的植物需要完全依赖人类才能生存。

农业早期的发展可能已涉及对持续性发展的认识。植物采集者们意识到，如果把某种植物全部挖出吃光，这种植物就会永远消失。但如果只收集起一部分，或者等植物已经完成散播种子以后再收获，就仍可以在将来获得此种食物。

依赖野生植物为食的一个困难在于，野生植物往往分布在范围很大的一个区域，而且还和那些没有多少利用价值的植物混杂在一起。人类农耕业的首次谨慎尝试出现在约公元前 9000 年～前 8000 年的中东"新月沃地"，该地区从尼罗河三角洲北部到地中海东海岸，横跨今天的伊拉克，直达波斯湾。这里的人们开始在居住地附近播种从野生大麦和小麦中收集的谷粒，使得来年采集谷物变得更加容易。有证据表明，中国大约在公元前 6500 年或者稍晚时开始种植水稻。采集到耕作的转变，让人类得以结束狩猎－采集这种生

大 事 记

约公元前 9000 年～前 8000 年 人类首次栽种单粒小麦

公元前 8000 年 大麦首次作为农作物的一种在中东种植和收割

公元前 6000 年 二粒小麦开始受到农民的青睐

公元前 5000 年 玉米首次在南美洲种植

活方式，有利于更稳定的生存、更容易预测未来，因而也更容易产生新的生活方式。

自然变异造就了一系列小麦，如种头结合紧实的单粒小麦。普通的野生小麦种头结合较松，很容易从麦穗上脱落，这一点对野生植物很有利，因为这可以使种子散播更为

●早期的农耕者

广泛。但在耕作时却恰恰相反，分散开的种子将会丢失，人们只能收获仍然留在麦穗上的种头。而来年的庄稼只能依靠播种这些种子获得。

因此农民们一开始就选择种头结合紧实的品种，以获得更好的收成。

大约8000年前的"新月沃地"，单粒小麦自然地与另一种野生小麦杂交，产生了新的小麦品种。单粒小麦是二倍体小麦，共有两套7条染色体。多数杂交植物不能繁育，但一些植株是特例，如染色体数目加倍，导致四倍体的杂交植物产生，这就是可以繁育的二粒小麦（共有4套染色体，每套有7条染色体）。二粒小麦的颗粒含有丰富的谷胶，可以用来制作高质量的面粉。另一个变种也适时出现，这一新品种即硬质小麦，具有优于其他品种的重要特点——易于通过打谷脱壳，因而让农民的生活变得更轻松。现代大多数面包用的小麦源自另一杂交品种，即二粒小麦与一野生品种杂交得到的品种产生的具有6套染色体（六倍体）和高营养麦粒的品种。

早期小麦是一种相对低产的农作物，农民们种下一粒种子只能收获6粒麦粒。然而，出现在约7000年前的美洲的另一种农作物——玉米要高产得多，农民们每种下1粒玉米，就可以收获45粒之多。可能是因为早期小麦的低产，导致旧大陆上的畜牧业发展得比美洲大陆快得多。新大陆的玉米如此高产，使得人们种植玉米就足以维持生存，不求牟利的农民也就没有多少动力去培育新的变种。

谷类是人类最早系统化栽培的农作物，可能大麦、小麦在前，水稻和玉米在后。接着，根茎可食的作物和荚果开始出现，例如甜菜和豆荚。

继而出现了果树、叶菜和用来喂养家畜的农作物。2000年前，人们开始培育特殊用途的农作物，如医用和烹制用的药草。人们甚至栽种一些仅仅是出于装饰目的的作物。尽管如今人们对植物的培育局限在一个相对较小的范围，如观赏性和稀有植物的培育，但人工栽培植物的历程始终没有停步。

●发现一种常见的、能为人们提供基本能量需要的农作物，在耕作过程中是一个重要的步骤。小麦是最常见的一种，其他的品种是粟、稻米以及玉米。

轮子的发展

历史上，轮子出现在至少 5000 年以前，并经历过多次发明与再发明的过程。关于轮子最早样式的详细情况已湮没于久远的历史中。对于最早的轮子是如何发明的，始终存在着分歧。

6000 年前，人类已经开始使用各种拉拽工具，如犁、雪橇和旧式雪橇车（用两根拖杆组成的奇妙设计）用来拖动重物。世界上某些地区的人用木辊拖拽诸如石头和船只等重物——当物体向前移动时，人们从后面取出木辊，再放到前面。木辊可能是车轮的起源，我们很容易从它们的运动状态联想到这一点。从某些方面推测，可能是有人将雪橇和可以滚动的圆木结合而发明了轮子。当一套圆木使用了一段时

●战争往往是发明的驱动力，轮子或许就是其中一例。苏美尔人最先发明了有轮战车，埃及人紧随其后。

间后，它们就会因为在使用过程中与雪橇刮擦而磨损，结果雪橇会陷入木辊损坏的部分。而这或许启发人们想到了带轴的轮。轴的突出特点在于：以其较小的圆周、消耗更少的能量，就能带动整个轮子的转动。

然而辊子理论存在问题——整条圆木在压力下滚动时，很容易裂开和散开。而有证据显示，最早出现运输轮的中东地区高且直的树并不多。

考古学家通常认为具有固定轴的轮子的发明是相对先进的文明的一个标志。最早的有轴轮可追溯到公元前 3200 年，美索不达米亚（今伊拉克）的苏美尔人绘制的图画中就有坚固的车轮形象。这种车轮是将两块厚木板拼在一起，并切割成圆形，轴穿过每个轮子的中心，被制轮楔固定住。约公元前 2500 年，苏美尔人还制作了用于战车的类似车轮。毫无疑问，这种车带给军队很大的益处，但它们依然非常沉重而且很难控制。大约在 500 年以后，苏美尔人又发明了辐轮，这让战车变得更轻也更易操纵。随后的 500 年里，这种设计广泛传播，并被其他文明——包括埃及和罗马加以改进。

不同文明可能独立制做出轮子。比如约公元

大事记
公元前 3500 年 美索不达米亚出现最早的陶轮
公元前 3200 年 美索不达米亚出现最早的有轴车轮
公元前 2800 年 中国人很可能独立发明了轮子
公元前 85 年 希腊出现水轮
公元 500 年～公元 1000 年 中国出现纺纱轮

前 2800 年，中国出现了轮子。中国人还可能在公元前 100 年左右就发明了独轮推车，这项发明比欧洲早了很多年——法国南部的沙特尔大教堂里一幅 13 世纪的釉彩玻璃窗画描绘了西方最早的独轮推车。

但是最初的轮子可能并不用于运输。公元前 3500 年以前留下的证据表明，陶工们利用简单的转盘制作光滑平整的陶器。希腊人和埃及人进一步改进了早期的陶轮，在此基础上发明了飞轮，飞轮可以把振动型的能量，如踩压踏板的能量，转化为平稳连续的能量。飞轮和车轮一样重要。希腊人还对轮子进行了其他极其重要的机械改造。公元前 4 世纪～前 3 世纪，钝齿轮、齿轮和滑轮纷纷问世。水轮是基于轴轮的又一项重要发明，水轮最早出现在公元前 85 年左右，借助水轮，人们得以利用水的能量推动重型工具，如碾磨谷粒的石磨。

● 车轮的发明可能源自陶轮对人们的启发。陶轮的出现比车轮要早几个世纪，并在一些地区沿用至今，且并未发生实质性的改变。

从古至今，与轮子相关的发明总是不断涌现。公元前 500 ～ 1000 年，中国人开始使用纺纱轮纺纱，而在 13 世纪早期，欧洲才出现了纺纱轮。纺纱轮是飞轮的一种改进形式：轮的转动带动纺锤将纤维缠绕成线——比手工操作要快得多。

飞轮在工业革命中也扮演着重要的角色，当飞轮和由蒸汽机驱动的活塞相连时，它可以把不连续的原动力转化为平稳的运动，用来驱动磨房和工厂中的机器。当然它也可以为机车提供动力。后来，以轮子为基础的发明不断涌现，包括汽轮机、环动轮和家具上的脚轮。轮子这一有着 5000 年历史的发明仍在不断发展。

● 轮子具有惊人的可塑性，它的产生带来了钝齿轮、齿轮、发动机飞轮和涡轮机的发明，以及各种各样使用轮的运输方式的发展。下图为古代埃及的一种装置，它利用牛驱动水车，把水抽送到一个灌溉体系中——直到今天人们仍然在使用这种装置。

文字与数字

人们一直需要记录重要的事件、储存的物品、交易的货物和征收的税款。图画是最简单的记录方式。完成于距今约1.7万~1.5万年前法国拉斯科洞穴的壁画，其中描绘了多种动物形象和一个人物形象。早期的绘画直接地体现了所要表达的含义——一幅鹿的画就表示"鹿"。渐渐地，用于记录的符号具有更加抽象的意义，并最终发展成文字。

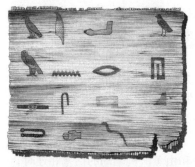

●埃及象形文字是事物的形象化符号。有时它们是与所描述物体相关的图形符号，但有时它们用来表示读音。图中第一行符号（由左至右）分别代表a, i, l, w。

大 事 记
公元前 3400 年 埃及使用数字（十进制）
公元前 3100 年 埃及出现象形文字
公元前 2400 年 出现楔形文字
公元前 1700 年 中国出现甲骨文
公元前 1700 年 出现原始迦南字母
公元前 1000 年 出现腓尼基字母

文字是作为一种保存记录的方法而产生的。起初，具有象征意义的图画逐渐在形式上进一步简化，"太阳"可能用一个小圆圈包含在大圆圈里来表示，而水用波浪形的线来表示。人们可以很快画出并辨识这些简单的符号——即使不如原先的形式大。同时，同一个符号被赋予多种意义，如表示"太阳"的符号也可以指"白天"，或者是埃及的太阳神。

在接下来的发展阶段，每一个符号代表一种物体和一种读音，或者仅仅是一种读音。这种用图画代表读音的文字叫作象形文字，埃及的象形文字最负盛名，它最早出现在公元前3100年左右。大约在公元前2700年，埃及的象形文字更趋标准化，并延续使用了3000年。

大约在同一时期，位于幼发拉底河与底格里斯河两河流域的美索不达米亚（今天的伊拉克），出现了另一种文字系统，它同样起源于一定的图画体系，却因使用的书写工具不同，有着与埃及象形文字全然不同的发展方向。埃及人用芦苇笔和墨水在纸莎草纸上书写，而美索不达米亚人则将一种尖笔书写工具压在软泥版上，得到楔形的或圆形的图样，这种文字叫作楔形文字，人们在公元前2400年前后开始使用这种文字。苏美尔人、亚述人和巴比伦人都用楔形文字。后来楔形文字传播到波斯，在那里也延续使用了近2000年。最早的真正的字母表（原始迦南字母）出现在约公元前1700年的中东地区，它用30种标记表示单个的读音。在此基础上，约公元前1000年，腓尼基人创造出22个腓尼基字母，并最终发展出了阿拉伯语、希伯来语、拉丁语和希腊语。

　　中国的文字也源于图画，它们被刻在骨头和贝壳上，然后抛向天空。人们相信它们落在地上构成的图案是来自神或逝去的祖先想要表达的信息。公元前 1700 年左右，人们开始使用这些符号。周朝（约公元前 1122～前 256 年）时，这些符号进一步抽象化。

　　人们同样需要一种方法来记录数目。画 1 头牛可以代表 1 头牛，但要画出 60 头牛来表示 60 头牛的话，就很不现实。在大约公元前 3000 年，在今天的捷克共和国出土了一根刻有 55 个凹点（每组 5 个，共 11 组）的狼腿骨。人们可能用它表示一次狩猎中猎杀的动物数量，尽管我们不能肯定这一点，但很显然这是一份数字的记录。这样的木头或骨头称为符木。

　　公元前 3400 年左右的埃及、公元前 3000 年左右的美索不达米亚和公元前 1200 年左右的克里特岛的人们开始使用比 10 大的数字。人们选择十进制是显而易见的，因为人类有 10 根手指，大多数文化体系采用了这种计数系统。巴比伦人和苏美尔人是主要的特例——他们采用六十进制。

　　埃及数字和楔形数字用不同的符号表示 1，10，100，1000，10000，100000 和 1000000，并且通过重复这些符号来表示更大的数值，正如罗马数字中用 X 表示 10，XX 表示 20，XXX 表示 30；C 表示 100，CCC 表示 300 一样。然而这些数字系统中，没有一个包含了表示零的符号。

　　由于泥土来源丰富，楔形文字才得以在数以千计的巴比伦泥版中保存下来。只要泥土保持柔软，人们就可以将泥版擦拭平整并反复使用。一旦泥土固化后就只能废弃不用了。一些保存下来的泥版是学生使用的练习本，它们包含了乘法表和复杂的纸运算。另一方面，埃及人只使用加法运算和两倍的乘法表，他们通过重复翻倍或取半数后，把结果相加来实现乘法运算。在埃及保存下来的纸莎草纸中，还记录了诸如这样的数学问题：如何把一定数量的面包分配给一定数量的人？如何计算直角三角形的面积等。

● 如右边表格所示，现代英语字母表中的字母多数可以追溯到腓尼基字母。但是腓尼基人没有区别字母 J 和 I。

原始迦南字母	早期字母的意义	腓尼基字母	早期希腊字母	早期拉丁语	现代英语
	牛头				A
	房屋				B
	掷木棍				C
	鱼				D
	召唤人前来				E
	钉头锤				F
	栅栏？				H
	手臂				I
	手掌				K
	赶牛棒				L
	水				M
	蛇				N
	眼睛				O
	拐角？				P
	植物				
	P？				Q
	人头				R
	复合弓				S
	所有者标记				T

金字塔的建造

吉萨大金字塔是古代世界七大奇迹中唯一完整保存下来的一个。历经 4500 年依旧矗立的金字塔见证了古老的埃及文明、古埃及人精湛的技术、独特的创造性和组织技巧。

人类似乎总是致力于修建高大的建筑物，4000 年前，这种类型的建筑物仅有一种形式，它们具有宽大的底座，往上的部分越来越细——这样的构造很稳固，同时也能让建筑材料顺利地从下方运到上面。边缘平整的金字塔可能是由另一种形式的建筑物自然而然地发展来的，这种建筑物就是金字塔形神塔。公元前 3000 年～前 500 年，古代美索不达米亚文明和波斯文明创造了神塔，它具有数层神殿，由下至上逐层变小，这或许象征着通向神明的神圣之山或阶梯，连接起人间和天界。神塔的内部使用未烧制过的砖块，外部使用烧制过的砖块，砖块上还有精致的彩釉。神塔多为 2 ～ 7 层，其中最著名的是完好地保存下来的伊拉克乌尔神塔和巴比伦马杜克神塔（马杜克是巴比伦人信奉的主神），神塔被认为是《圣经》中描述的通天塔。

埃及的第一座金字塔建于公元前 2630 年的塞加拉，是为赞颂法老左塞（公元前 2630 ～前 2600 年在位）而建。它也有类似神塔的阶梯状结构，最重要的不同之处在于它是用石块而不是泥筑成的。在其后的 30 年间，埃及人改进了金字塔的设计，开始建造表面平整的金字塔，如通常意义上的第一座真正的金字塔——达舒尔红金字塔。金字塔的内部仍然是由巨大的石块结构组成，但用较小的石块包覆在外面，使表面轮廓变得平整，看起来更加美观。

金字塔是向法老（国王）表示敬意的陵墓建筑，埃及人把法老视为人间的神。金字塔的位置由法老自己选定。熟练的制图者在纸莎草纸上（纸张直到公元 105 年以后才发明）拟出更详细的计划。有时候金字塔建在非常特殊的地貌——比如不平整的岩层上，这意味着人们可以运输更少的石材，但却为设计者带来了头疼的问题，因为不平坦的地面很难勘测精准，而精确性是建造金字塔所必需的。

●人们曾经认为金字塔是奴隶修建的，但这些古代建筑在结构上异常完美，只可能是由怀着巨大工作热情的能工巧匠们完成，而每个人都有一定的专业技能，如勘测技术、石工技术、制砖技术及统筹管理能力等。

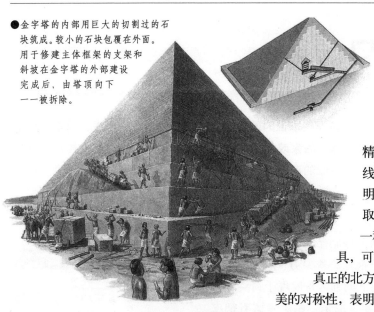

●金字塔的内部用巨大的切割过的石块筑成。较小的石块包覆在外面。用于修建主体框架的支架和斜坡在金字塔的外部建设完成后，由塔顶向下一一被拆除。

●如剖面图所示，金字塔内部结构比外部更复杂，是由内室、通道和排气孔组成的一个体系。

埃及所有的金字塔精确地建在一条南北向轴线上，而这是在磁罗盘发明的数千年前完成的——取而代之地，埃及人使用一种叫作"贝"的勘测工具，可根据恒星的位置来确定真正的北方。金字塔完成后具有完美的对称性，表明埃及人对几何学也有着深入的认识，让他们可以把金字塔的塔基建成完美的正方形。因为即使在塔基的直角处有一点点偏差，金字塔的四条边都不能在塔顶精确地聚到一点。因此每一块砖也需要达到同样的完美，这些砖块的形状都是由熟练的石匠手工打磨出来的。

多年来，最为困扰考古学家的金字塔之谜就是：建筑者们在建造过程中如何运输如此巨大的石块，以及他们又是怎样把石块送到如此高的高度？吉萨大金字塔使用的石块每块重 2 ～ 14 吨不等，顶端的石块距离地面有 147 米。第一个问题的答案是：人们尽可能在建造地开采石料，远处收集的材料通过尼罗河上的船只运输。而第二个问题的答案可能是：建筑者们使用坡道把石块向上运送——逐渐向上的斜坡使得将石块放在木橇上拖动成为可能，到达顶端后，人们可能使用木制或青铜制的杠杆来调整石块的位置。

斜坡的形状是一个引起诸多争议的问题，它可能具有多种形式：直的、锯齿状的，还有从塔底到塔顶螺旋向上的。这些都是埃及工程师们令人惊叹的创造。

埃及人可能使用机械装置将较小的石块（如用来修造金字塔表面的砖）吊起来。希腊历史学家希罗多德描述了这种装置，但没有详细说明，而至今也鲜有考古证据表明这些装置到底是如何工作的。

尽管在金字塔的建造中，技术水平至关重要，但埃及人成功的真正秘诀在于有效地组织建造工程的庞大的劳动力。施工人数估计从十万到几千人不等。通常而言，当我们对埃及人的技术水平、组织能力有更进一步认识时，对施工人数的估计值就会随之减少。并且参与工程的人可能并不是奴隶。有力的考古证据表明，以金字塔的建造地为中心，曾经形成过十分繁荣的生活区，为庞大的、高度专业化的劳动力提供住宿和服务。

早期船只

　　人类可能从落入水中、漂浮在水上的圆木能够顺流而行中受到启发，有了关于船只的最初构想。人们最初用藤，后来改用绳索把圆木捆绑在一起，做成木筏，以获得更好的稳定性和载重能力。膨胀的皮革袋或密封的葫芦、壶可以用来增加浮力。橹或桨使人们在一定程度上可以控制这些原始的船只。

　　独木舟是人类有目的地制作的第一种船只，人们用斧或扁斧（斧柄上垂直装着刀刃）挖空圆木，制成独木舟。现存最古老的独木舟发现于荷兰，大约制作于公元前 6300 年。后来，制船者试着把皮革或树皮撑开，蒙覆在轻质的木制框架上制作新型的独木舟，并涂上树脂或沥青防止渗水。美洲土著的树皮独木舟和威尔士的小圆舟采用的就是这种轻便的构造。橹为船只提供了推动力。帆的出现是制船业的又一进步，公元前 3500 年左右，埃及人发明了帆。

大 事 记
公元前 6300 年　出现独木舟
公元前 4000 年　埃及人把木板绑在一起做成船
公元前 3500 年　埃及人发明帆
约公元前 700 年　腓尼基人使用对排桨海船
公元前 650 年　三排桨战船出现
公元 1 世纪　舵出现
公元 3 世纪　三角帆出现

　　最初埃及人用纸莎草苇编织船体，但后来（约公元前 4000 年）他们使用皮革或纸莎草苇把木板绑在一起做成船体。最早的帆是横帆，方形的帆几乎与航行的方向成直角，当航行方向与风向一致时，横帆可以发挥很好的作用。埃及人以及其他地中海地区的人，甚至维京人在数个世纪里都使用横帆。这种船可以通过架在船尾上的 1 ～ 2 只长桨来操纵。横帆的宽度往往比高度大，并且可以通过连在帆顶与帆底的帆桁上的绳索作微小的角度调整。船首与船尾还建有瞭望台，船的中部是为旅客们提供休息场所的船舱。建于公元前 2500 年左右的一座陵墓中埋藏着这样一艘装饰精美、已经被拆卸的船，它长 43 米，由 1 200 多片雪松木制成。但可能因为横帆船缺乏可操作性，后来埃及船只摒弃了这种帆，转而使用排桨来提供推动力。约公元前 700 年，腓尼基人使用对排桨海船；公元前 650 年，这种船进一步发展为三排桨战船。

●小圆舟是把动物的皮撑开，蒙覆在轻质木框上制成的圆形独木舟。传说爱尔兰修道士圣布伦登（484 ～ 577 年）就是驾驶着这种简单的船横跨大西洋，抵达北美洲的。

公元1世纪时，中国的造船者发明了方向舵——一只可以绕枢轴转动的垂直木盘，是船不可或缺的一部分。中国人还发明了"草垫－木条帆"——每根桅杆上都有一组被水平木条（或桅桁）分隔开的帆，这在今天中国的舢板上仍然可以看到。另一个突破性的进展是3世纪左右阿拉伯人发明的三角

●图中描绘了一艘阿拉伯独桅帆船正在埃及门诺夫运河中航行的情景。尽管这幅画完成于1800年，但自2000多年以前独桅帆船发明以后，这种船和它代表性的三角帆并没有本质上的改变。

帆，三角帆可以旋转一定的角度，让船"抢风"行驶，换句话说，风不一定要从船的正后方为船提供动力。今天多数阿拉伯的独桅帆船仍然使用三角帆，历史上的阿拉伯人驾驶着类似的船只曾经抵达非洲东海岸直达好望角，甚至更远的地方。

地中海的船只也使用三角帆，通常还在主桅杆上配合使用横帆。比如，一只小吨位的轻快帆船有4根桅杆，前2根挂着横帆，而后2根挂着三角帆。后来西班牙和葡萄牙的航海家正是利用衍生自这类船只的航船开始了他们大规模的探险之旅。

●这是埃及新王国时期（约公元前1550年～前1070年）的船只，只有重要人物，例如王室成员或僧侣才能乘坐它在尼罗河中航行——这也是该国主要的交流途径。

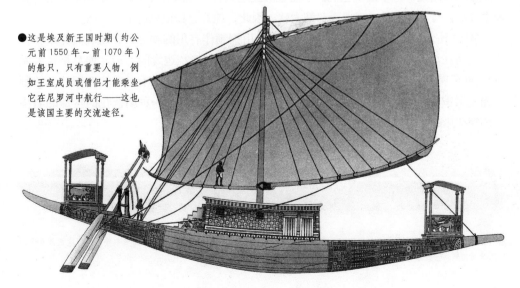

金属的使用

迈锡尼古城位于希腊南部、雅典的西面，诗人荷马用"金色"来形容它。当欧洲考古学家发掘迈锡尼的众多陵墓时，他们发现了青铜剑、匕首和其他许多精美的陪葬品。这其中最美的是一只叫作"内斯特之杯"的金杯，它制作于公元前1600年～前1500年。

迈锡尼一度被阿伽门农统治，这位国王曾进攻皮里阿姆统治的特洛伊。考古学家在特洛伊发现了一座公元前2000年以前的陵墓，墓中埋藏着"皮里阿姆宝藏"，其中包括珠宝、金盘和装在一只银杯中的许多饰物。

埃及人还制作了金制的饰物。公元前1333～前1323年在位的图坦卡蒙是一位年轻的法老，人们在他的陵墓中发现的面罩是由镶嵌着天青石的黄金铸成的。在东地中海地区和近东，人们还在陵墓中发现了金和银制成的容器、面罩、祭祀用的武器以及各种饰品。这其中有许多有相当高的工艺水平。大约在公元前1600年时，迈锡尼金属匠用镶嵌着黄金、银金矿石（金银合金）、银和乌银（硫黄与银、铅、铜混合制得的黑色物质）的青铜刀刃制作匕首。

大 事 记
公元前 5000 年左右　埃及用铜制作武器和工具
公元前 3200 年左右　中东制作青铜
公元前 2000 年左右　印度南部制铁
公元前 1600 年左右　迈锡尼出现由青铜、金和银制成的匕首
公元前 200 年左右　早期的钢出现

金、银和铜是从天然的矿石中冶炼而成，人们可以从岩层中勘探出这些矿石，或者在河床的表面或沙砾中发现它们。小的金块通过敲打可以融合在一起，但如果只是金或者银金矿，对打制工具或武器而言都太软。因此，纯的金和银只适用于装饰。

铜则不然，敲打不会让铜块融合。为了用铜制作有用的物品，金属块需先熔化，然后浇铸在模具中。敲打使铜变硬，可以制做出具有锋利边缘的刀刃。埃及早在公元前5000年时就用铜制作武器和工具；公元前3000年前，巴尔干半岛的人们就开始制作和使用铜斧。大约在那时，人们很可能偶然地发现，当把一种明蓝色的特殊的石头加热到红热时，可以得到更多的铜，这种石头就是蓝铜矿。

●一把青铜剑，出土于大概今天伊朗西部的克尔曼赫，制于公元前1400～前1100年。一部书中曾写道，这把剑属于国王身边的阉人——沙马什·基安尼。

●这是埃及法老图坦卡蒙王座椅背内画板。整个王座用金包覆，描绘的是国王和他的妻子安卡珊那曼。图中的人物、法老的王座以及其他物品都被涂以色彩。

许多矿石蕴含不止一种金属。到公元前 4000 年时，人们开始把少量的锡添加到铜中，该工艺最初可能是金属匠在加工冶炼黝锡矿（一种含有铜、锡和铁的稀有矿石）时偶然间发现的。铜和锡的合金叫作青铜，它比铜硬得多，而且青铜工具的锋利边缘比铜制工具更耐用。公元前 3200 ~ 前 2500 年，人类在今伊拉克南部地区首次制做出青铜器，青铜器广泛传播到中东、欧洲，可能还包括中国。正因为如此，铜器时代为青铜器时代所取代。

铁同样有很多用途。一些陨石的主要成分是铁，熔化陨石就可以得到金属。但是陨石很稀少，而从分布最广的铁矿石——赤铁矿中提炼铁很困难，铜在 1083.4 ℃时熔化，而铁在 1635 ℃（一个更加难以达到的温度）时熔化。熔炼赤铁矿还会得到许多有细孔的小铁球，并且还混有废渣，即炉渣。为把这种不够理想的产品转化成可以使用的铁，需要反复冶炼和锤打。而在公元前 2000 年左右，印度南部的人们已经能制铁。安纳托利亚（今天的土耳其）的阿拉卡·胡与克出土了一柄公元前 2200 年左右的铁制匕首，但这样的匕首十分稀少，可能是祭祀用品。到公元前 1400 年时，铁对赫梯人而言变得十分重要。而在公元前 1000 年时，欧洲各地也已广泛使用铁。

铁很软，所以铁剑每敲击一次以后，都需要再把它弄直，因此最初铁并不能与青铜相媲美。木炭是一种不纯的碳，也是熔炼工使用的一种燃料。铁匠们发现，当铁在木炭火中长时间保持亮红热状态后，会变得更加强固。通过从木炭中吸收碳元素，铁转变为钢，而把热的钢投入水中，钢的强度就会进一步得到提高。公元前 3 世纪左右，印度人首次制做出钢，并大量出口。具有神奇力量的剑可能就是用了比青铜更坚韧、更锋利的钢片制成的。

●这是一名希腊士兵的青铜头盔，具有波埃廷或克林斯风格。头盔只在眼部和嘴部开口，可以保护头部。通常，在头盔的顶部会装饰有马毛冠，这让士兵看起来更高大。

历法的完善与作用

　　20 世纪 70 年代，科学家在斯威士兰挖掘出一根狒狒的腿骨，上面有 29 道刻痕，它被命名为勒伯姆伯骨。留下这些刻痕的人大约生活在 3.3 万年前，而这些刻痕很可能是用来记录时间的。果真如此的话，就像我们仍可以从近代许多美洲土著部落那里发现类似现象一样，这就是一根"日历棒"。

　　勒伯姆伯骨不是非洲早期历法的唯一例证，刚果民主共和国境内的爱德华湖岸曾经有一个以捕鱼和耕作为生的部落，这个部落被一次火山爆发毁灭，但遗留下来的一根骨在 1960 年被发现。人们根据其制作者将之命名为伊珊勾之骨，骨上的刻痕记录了月亮周期——新月出现间隔的时间，共 6 个月长的时间。人们认为这种记录方式起源于 2.5 万年前。预测月相有许多用途，比如满月时猎人可以追赶夜行性动物，黑暗的无月之夜，士兵则可以悄无声息地接近敌人。同时，观察月相是一件很容易的事。人们总是需要采取一些方法来记录时间的流逝。

●该图的齐泽尔历法可能是由一个学童在公元前 11 世纪晚期或公元前 10 世纪早期写下的。它包含了一首用希伯来语写的概述一整年农事活动的诗。

　　所有的早期历法都基于月亮周期。大约公元前 4236 年，埃及人可能在历史上首次发展出完整的历法——包括一整年的时间。但这种太阴历不能准确预测埃及一年中最重要的事件——尼罗河周期性的泛滥这一与季节有关的现象。埃及观星象的术士发现，如果在日出前看到天狼星，那么几天后尼罗河的洪水将至。他们设计了一种基于太阳年和太阴月的历法，这套历法有 3 个季节，每个季节 4 个月，每个月 30 天，年末多出 5 天，因此一年共有 365 天。他们还使用一种比一年更长的计时方法，即国王的在位时期，按照"某某国王的某一年"记录年份。

大 事 记	
公元前 3.3 万年	以勒伯姆伯骨记时
公元前 2.5 万年	以伊珊勾之骨记时
公元前 4236 年	出现埃及太阴历
公元前 2950 年	出现中国太阴历
公元前 1800 年	出现苏美尔太阴历
公元前 1000 年	出现印度历法

　　埃及人最早把一天划分为 24 个单元，尽管如此，这些单元不具有相同的时间长度，12 个白天的计时单元和 12 个夜晚的计时单元的长度随着季节的变化而变化。

●亚历山大城发现的埃及日历。该日历是用石头制成的,边缘刻的是黄道十二宫标记。亚历山大城的希腊天文学家使用的正是这种赤陶做的日历。

公元前3000年,居住在今天伊拉克南部的苏美尔人设计出一套一年12个月,每月30天的历法。一天有12个时间段,每个时间段被分为30个部分。在整个古代社会中,月份都始于新月的首次出现,高级宫廷官员会把这一现象禀报国王。苏美尔人仔细记录的习惯使他们得以发明其他各种日历记法。一位官员在职的日子里,日期被这样记录下来——某位官员任期的某一天。苏美尔人把收获大麦的日子作为一年的开始,而财政上的年份在两个月后开始,因为这时收获的谷物才送至市场。新的一年开始时,往往将会有宗教仪式,这时国王会把收获的第一批果物作为祭品献给神。

公元前2100年的某个时期,苏美尔人开始计算太阴年,这比按照天数计算简单些。比如,在某个月的借款应该在次年的相同月份偿还。这导致大约在公元前1800年另一种历法的产生:一年共12个月,每个月在29～30天之间;一年共有354天——$(29 \times 6)+(30 \times 6)$——但与根据太阳计算的农业上的年份不符。为消除两者的差异,苏美尔人额外插入了1个月,但最初并无标准可循,每个城市在觉得有需要的时候就添加1个月,一个城市可能每18年添加1个月。而另一座城市可能在同一年添加2个月。尽管长期的结果是一致的,但考虑到日常的事务,每座城市都参考不同的日历运作。

苏美尔人最终被并入巴比伦王国,而在公元前18世纪,巴比伦人沿用了苏美尔的尼普尔城的历法。巴比伦人占领了现代伊拉克的南部,亚述人则占据了北半部以及土耳其的东南部。亚述一直是巴比伦的附属国,直到它后来成为世界一霸。约公元前1100年,亚述人沿用了巴比伦人的历法。

中国人在公元前2950年左右发明了太阴历,与巴比伦的历法类似,中国的历法也把一年划分为12个月,每月29～30天,并且为了与太阳年保持一致,不时添加额外的月份。

公元前1000年左右出现的印度历法把一年划分为12个太阴月,每个月27或28天,每5年补加1个月。一年同样也被划分为3个时段,每个时段有4个月。宗教节日是每个时段开始的标志。

●在公元105年纸张发明以前,中国人把要记录的内容都书写在竹简或木简上,并用丝线把它们连在一起。下图的竹简上详细记载着日期,构成了一套日历。

度量衡的统一

我们从马萨诸塞州的波士顿买的 1 磅稻米和从英国伦敦买的 1 磅稻米总是具有完全相同的重量，这是因为"磅"是一种标准重量，并且在世界的许多地方通用。但在人类社会发展的早期，情况并不是这样。

曾经每个国家都有自己的度量衡体系，甚至尽管叫法相同，实际上却差别很大，如爱尔兰的 1 里（2048 米）就比英国的 1 里（1609 米）要长——尽管它们可能都基于罗马的"里"（1000 步）发展而来。早期，人们主要以身体部位和长度作为度量的基准，埃及人的腕尺（约 45 厘米）是从肘到中指的距离。人们从公元前 3500 年就开始使用腕尺。1500 年后，古希腊人使用的腕尺要短些，是基于成年人的平均足长（约 30 厘米，约等于 1 英尺）而设定的，英尺到现在还在使用，而手尺（1 手尺 =10.2 厘米）是用来测量马肩胛的高度。"英寸"这个词来源于拉丁词汇"unica"，意思是 1 英尺 =12 英寸。

尽管我们现在仍然使用"克拉"（carat，来源于阿拉伯语中的"豆子"一词）来表示贵重宝石的重量（1 克拉 =0.2 克），但是实际上重量单位比长度单位更复杂，因为没有一个方便易得的自然物作为衡量的标准。单位"喱"源于小麦或水稻的谷粒，它是一个很小的计量单位，曾经在很长的一段时间内使用，1 喱 = 0.05 克，1 克拉 = 4 喱。

约公元前 2500 年，苏美尔商人首次尝试使用标准化的度量单位，他们使用了"谢克尔"（1 谢克尔 =8.4 克）和相当于 60 谢克尔的"迈纳"（1 迈纳 = 504 克）。现存最早的实际称重标准物（一个鸭子状的花岗石砝码）出土于美索不达米亚（今天的伊拉克）的拉伽什城，大约制作于公元前 2400 年，它重 477 克。约 500 年以后，苏美尔尼普尔城执政者制作了一根铜棒作为度量标准物，它长 110.35 厘米，分成 4 "尺"，重 41.5 千克。罗马人使用"libra pondo"（"磅"）作为重量单位，合 0.4536 千克。Libra 这个单词就是"磅"的缩写"lb"的来源。

体积度量的标准很难找到，人们使用过的有希腊和罗马的双耳陶瓶（用来储存油或酒的一种罐子的名称），也有各种各样的桶和酒瓶。香槟酒的瓶子构成了一套体积度量标准，体积由小到大依次增加 1 倍——它们的名字分别是马格侬、耶罗博姆、罗波安、玛士撒拉和巴尔萨泽（这些全都是《旧约》中人物的名字）。

●图中是古代埃及的一根计量杆和一套砝码。埃及是最先使用标准度量衡单位的国家之一。

欧几里得和《几何原本》

欧几里得是几何学的奠基人。欧氏几何的显著特点是把人们已公认的定义、定理和假设用演绎的方法展开为几何命题。从此几何走上了独立发展的道路。

欧几里得（约前 330 年～前 275 年），古希腊著名数学家，是几何学的奠基人。

欧几里得出生在雅典，曾经师从柏拉图，受到柏拉图思想的影响，治学严谨。后来在埃及托勒密王的盛情邀请下，到亚历山大城主持教育，成果非凡。

欧几里得在系统地总结前人几何学知识的基础上，加上自己的创造性成果，开创了一门新的几何学，人们称之为欧氏几何学。欧氏几何学的显著特点是把人们已公认的定义、定理和假设用演绎的方法展开为几何命题。从此，几何走上了独立发展的道路。

欧氏几何学的集大成著作是《几何原本》。在这本书中，欧几里得集中阐述了自己的几何思想。《几何原本》共 13 卷，每卷（或几卷一起）都以定义开头。第一卷首先给出 23 个定义，如"点是没有面积的"、"线只有长度没有宽度"等。然后则是 5 个假设。作者先做出如下假设：(1) 从某一点向另一点作直线，(2) 将一条线无限延长，(3) 以任意中心和半径作圆，(4) 所有的直角都相等，(5) 若一直线与两直线相交，使同旁内角小于两直角，则两直线若延长，一定在小于两直角的两内角的一侧相交。5 个假设之后是 5 条公理，它们共同构成了《几何原本》的基础。

《几何原本》前 6 卷为平面几何部分，第一卷内容有关点、直线、三角形、正方形和平行四边形。其中包括著名的毕达哥拉斯定理："直角三角形斜边上的正方形的面积等于直角边上的两个正方形的面积之和"。第二卷主要讨论毕达哥拉斯派的几何代数学，给出了 14 个命题。如果把几何语言转换为代数语言，这一卷当中的第 5、6、11、14 命题就相当于求解如下二次方程：$ax^2 - x^2 = b^2$、$ax + x^2 = b^2$、$x^2 + ax = a^2$ 和 $x^2 = ab$。第三卷包含 37 个命题，论述了圆本身的特点，圆的相交问题及相切问题，还有弦和圆周角的特征。第四卷，全都用来描述圆的问题，如圆的内接与外切，还附有圆内接正多边形的作图方法。第五卷发展了一般比例论，第六卷是把第五卷的结论应用于解决相似图形的问题。第七、八、九卷是算术部分、数论，分别有 39、27、36 个命题。第十卷包含 115 个命题，列举了可表述成 $a \pm b$ 的线段的各种可能形式，最后三卷致力于立体几何的研究。

《几何原本》的许多结论由仅有的几个定义、公设、公理推出。它的公理体系是演绎数学成熟的标志，为以后的数学发展指明了方向。欧几里得使公理化成为现代数学的根本特征之一，他不愧为几何学的一代宗师。

阿基米德的发明与发现

　　一直以来，阿基米德都被认为是历史上最伟大的数学家之一，他提出的定理和哲学思想被世界各地的人们所熟知，而他的发明则使他至今仍为人们所景仰。

●阿基米德是一个天才数学家，然而，传说正是由于他对数学的热爱最终导致了他的死亡。

　　阿基米德（约公元前287～前212年）是古代世界最伟大的数学家和物理学家，他出生于今意大利西西里岛东部的锡拉库扎，是天文学家费迪亚斯的儿子。阿基米德家族与锡拉库扎国王希伦二世关系甚好，甚至可能是亲戚。阿基米德在埃及的亚历山大学习，他的导师是著名数学家欧几里得（约公元前300年）的学生。当学业完成后，他回到了锡拉库扎，并在那里度过余生。

　　尽管阿基米德并不是第一个使用杠杆的人，但他是第一个发现杠杆定理的人。他宣称，如果给他一个合适的地点，一个长度与强度足够的杠杆，他可以撬起地球。该"妄言"激起了希伦国王强烈的好奇心，他于是要求阿基米德移动非常沉重的物体。据说阿基米德用相互关联的一系列杠杆和几个滑轮做成了一个装置，让希伦国王自己一个人将载满乘客和货物的皇家轮船"锡拉库扎"放入海湾之中，该船从存放新制船的干船坞中被吊起，穿过陆地，拖至港口！

　　传说，阿基米德还独立设计了行星仪和灌溉庄稼的螺杆泵（尽管埃及人的螺杆泵可能早于他的发明）。这种螺杆泵是将一个螺杆装入一个圆柱体之中，当螺旋杆转动时，水就会上升。螺杆泵一直沿用至今。

　　阿基米德还发明了许多武器。据说在公元前215年，罗马人围攻锡拉库扎城时被阿基米德发明的新型武器打得闻风丧胆。由于顾忌罗马人的进攻，于是国王任命阿基米德建造城市防卫系统。工程包括重建城墙以安放强力弹射器以及吊车，用以吊起大石块装入弹射器，将城下进攻的敌军砸死。此外，还有几样新式的武器。他的武器将罗马的军队打得束手无策，久攻不下，

●阿基米德螺杆泵需要像如右图所示那样倾斜，以便螺杆泵的顶端没入水中。随着手柄每转动一圈，水就会顺着螺杆螺纹升至上部螺纹水平线，直到从上端出口涌出。

●在许多阿基米德发明（包括"阿基米德之爪"）的帮助下，锡拉库扎城在古罗马军队的猛烈进攻下坚守了 3 年之久。

双方僵持了 3 年之久。罗马对锡拉库扎城的围攻到最后竟然演变成了罗马军队与阿基米德个人的较量。

　　"阿基米德之爪"也是阿基米德发明的令人心惊胆寒的众多武器之一。它可以放下至任何攻击范围内的船只上，扣住船身后剧烈摇晃，将船高举到空中，然后猛烈地来回旋转摇动，一直到所有士兵被甩出船身，最后将船砸向岩石毁掉。没有人知道这个爪钩的工作原理，有人猜想这装置可能是由一台吊车牵引一个爪形大吊钩而成，大吊钩将船身举起，然后就在船几乎要垂直之前忽然将其释放。

　　还有传说描述了他将聚焦的镜子作为"打火玻璃"的事情。据说任何足够靠近"打火玻璃"的船只都会着火——它的打火弧度范围在锡拉库扎城墙之内。但是这种武器是否真正存在至今查无实证。

　　阿基米德被大众和他自己所接受的身份主要还是一个数学家。他计算的圆周率 π 已经相当接近于现在的值。它总结的计算一个有曲面的物体体积和表面积的方法也是两千年后出现的积分学的起源。

　　罗马人最后于公元前 212 年攻陷锡拉库扎城，而马塞勒斯将军则下令不要伤害阿基米德及其住宅。一个罗马士兵发现阿基米德时，他还在解决一个数学难题。当该士兵命令阿基米德跟他走时，阿基米德却还在埋怨，叫这个士兵不要弄坏了他画在沙上的圆。士兵很不耐烦，便杀死了阿基米德。

大 事 记

公元前 287 年 阿基米德生于锡拉库扎城

约公元前 250 年 阿基米德发明了螺杆泵

约公元前 215 年 古罗马发动了对锡拉库扎城的围攻，阿基米德发明作战武器

公元前 212 年 围攻战争结束，古罗马军队杀进锡拉库扎城，阿基米德被一名古罗马士兵杀害。

罗马的道路和水渠

从公元前4世纪起，罗马人就开始在他们大肆扩张的领土上修筑四通八达的道路。为了取代早期冬天路面泥泞、夏天扬尘的小道，他们在坚固的路基上精心修筑石头铺成的道路。路面的弧度可使雨水排到路两侧的排水沟槽中。

●位于意大利的亚壁古道的局部风景图。亚壁古道的修建可以追溯到公元前312年，至今依旧存在。当时手推车和战车在道路上留下的车辙仍然清晰可见。

在全盛时期，罗马的公路长达8万千米，若将它们相连，足够绕地球两周。29条大型的军用道路从罗马城伸出，另外，还有一个从北非的迦太基沿地中海南岸延伸的马路系统；在高卢，道路从里昂呈辐射状发散；在英格兰，伦敦是道路系统的中枢。第一条罗马马路是亚壁古道，位于罗马以南，建于公元前312年，由罗马将军阿波斯·克劳西乌斯·凯克斯（生卒年不详，约公元前4世纪）主持建造。最初这条路只通到卡普阿，但是后来一直延伸到了今天的布林迪西（意大利东南部港市）海岸。其他道路的建设也紧随其后，例如通向基诺阿的奥勒利亚大道，以及连通弗莱米尼亚和阿德里亚特海岸的大道。这两条路分别以罗马的两位权贵的名字命名。

罗马人建筑马路主要是为了给邮递人员、商人以及税务人员等公务行政人员提供工作方便。当然，如果跟地方民众发生冲突时，这些道路同时也可以保证军队迅速转移。勘测员利用一种专门的测量工具测量地形，只要有可能，道路都会修成直线，当然，在高地势的地方则不得不弯曲。在建造主干道路的时候，工程师们首先设计挖出平行的、相隔约12米的排水沟槽，然后在它们之间挖一条浅沟壑，填入砂石、泥灰，以及连续的排列紧密的石块，这样就形成了道路的路基。路基上面是不易渗水的碎石层，表面有用泥灰黏合的石板或鹅卵石。他们用碎石、火山灰（如果

边缘石头
大块的表层石头
碎石
路岸
排水沟槽

大块石板构筑的路基

●分层结构保证了道路的稳固性，而路面的弧度保证了雨水会排到路两侧的排水沟槽中。

●堪称卓越的工程的一座 3 层拱形门输水渠，即"庞特多嘎德"跨越嘎德河，它的主要用途是为法国尼姆市运输水源。

有的话）和石灰来制造混凝土。在潮湿柔软的沼泽地中，道路则相对于周围乡村的地势会高一些。意大利的一些主要干道两侧有石头铺成的路缘，有 20 厘米高、60 厘米宽，在正路旁边还有作为单行道的边缘。双轮战车可以在这样的道路上每天跑 120 千米，而 8 匹马拉的四轮载重马车在满载时速度就慢得多，每天只能跑约 25 千米。随着古罗马帝国的没落，这些道路因而年久失修，最终被荒弃了。后继的筑路者们也会汲取古罗马道路的经验，应用到新的道路建设中，比如英国任何道路地图都有显示得像箭一般笔直的道路那样的风格。

随着罗马城镇规模的日益扩大，民众饮用，洗浴用水的需求也随之增加，而公共浴室和喷泉则成为许多罗马城镇的特色。为了能够引进水源，罗马工程师建筑了输水渠——一种能够永久运输水源的通道，它可以是一个开敞或者封闭的管道、一条穿过小山丘的隧道，或者更为壮观的——一条贯通整个山谷的高架水道。

在大约公元前 312 年~公元 200 年，工程师为了满足罗马城供水需求，修筑了约 11 条水渠，其中有些甚至从约 90 千米以外的地方运水而来。他们在建筑这些水渠时，将管路略微向目的地倾斜，这样水就可以依靠重力作用流动了。其他一些位于意大利、希腊、西班牙的古罗马水渠一直沿用至今。以位于西班牙希高维亚的水渠为例，该水渠由罗马帝王图拉真（公元 53 ~ 117 年，公元 98 ~ 117 年在位）下令建造，水渠没有用任何泥灰黏合，仅仅由 2.4 万块巨大的花岗岩石块砌在一起建成，结构中包含了 165 座高 730 米的拱顶。法国尼姆市的 3 层拱门型的著名水渠——庞特多嘎德，延伸 275 米，最高达 50 米。该水渠建于约公元前 20 年，由罗马将军马库斯·阿格里帕监造。

古代的炮

为了给步兵和战车驾驭者提供后援，古希腊和古罗马的军队使用了一系列的重型武器向敌人投石射箭。它们当中的大多数是防御武器——虽然有些安装在轮子上，部署在战场中。

古希腊人发明了许多早期的大炮武器，而这些武器在后来被罗马军事工程师采用并改良。其中主要的炮弹投射装置是投石器。公元前 399 年，西西里岛锡拉库扎的古希腊侨民的统治者老迪奥尼西（约公元前 431 ~ 前 367 年）资助了一个研究计划，为他即将与迦太基人的战争设计新型武器。他的工程师们制造出一种外形类似于巨大十字弓的弓箭发射器（见下图），弓身横约 2.3 米长，是用木条或者碾压的牛羊角（一种所谓的"复合型"弓箭）制成的。为了能够将弓弦拉开，士兵们使用一种内置式的绞盘，这种绞盘可以将一个钩爪－扳机装置绕回，以及用棘齿固定到位的凹槽滑道，这个凹槽中装有一支长约 2 米的箭，可以通过扣动扳机释放钩爪的方法被发射出去。弓身靠前的枢轴使得发射器可以向任何方向瞄准。古希腊人甚至发明了一种可以多次连续从存储箱或者弹仓中放箭发射的投射器，称作多箭射器。罗马人给这种投射器起名为弩炮，他们采用了古希腊人的设计，可以发射长 69 厘米的箭。这种弩炮一般会安装在一个有轮子的金属架上。古罗马指挥凡斯帕西亚（公元 9 ~ 79 年）在对凯尔特武士的战争中使用这种弩炮，取得了积极的效果。在英格兰南部一座称作少女城堡的山地防御工事中发现的约公元 43 年的人体遗骸的颅骨上有一个被这种弩炮发射的石弹射穿的孔洞。

两种投射器之间的一个细微的区别在于古希腊投射器使用缠绕的绳而不是弓作为驱动力。两股缠绕的绳或动物肌腱竖直地连接两木短"臂"的一端，

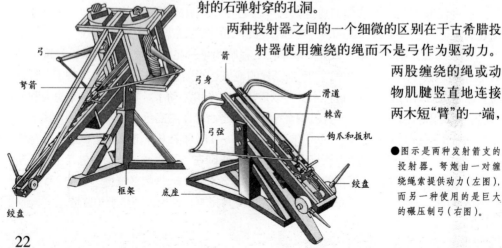

●图示是两种发射箭支的投射器。弩炮由一对缠绕绳索提供动力（左图），而另一种使用的是巨大的碾压制弓（右图）。

（左图标注）弓、弩箭、框架、底座、绞盘

（右图标注）箭、弓身、滑道、棘齿、弓弦、钩爪和扳机、绞盘

一根拉绳连接"臂"的另一端，很像弓身和弓弦之间的关系。当投射者用绞盘绕回弓弦，两臂就将绳扭得更紧。一旦扣动扳机释放拉绳，缠绕着的绳即刻松开，释放爆发性的能量并转化成箭高速飞行的动能。为马其顿国王菲利浦二世（公元前 359 ~ 前 336 年在位）定制的一个这样的投射器可以投射长度达到 4 米、类似长矛一样的箭；菲利浦国王的儿子亚历山大大帝（公元前 356 ~ 前 323 年）在他对波斯的战争中也使用了类似的武器。

大型投射器投射大石块而不是箭支。据说古希腊数学家、工程师阿基米德建造了可以将重达 79 千克的石块投射至 183 米开外的这种投射器。这个巨大的器械是装在船上，用以在公元前 215 年的锡拉库扎保卫战中攻击古罗马舰队。更大型的投射器较多地在陆地上使用。为了承受这种巨型投射器所发射出的重达 159 千克的石块的攻击，砖墙必须有至少 4.6 米厚。

弹弓是一种非常古老的便携式武器，《圣经》中说大卫就是用弹弓将菲利斯丁巨人格莱厄斯杀死的。弹弓上有一个小皮革袋子固定在一对皮筋末段，里面装有石头。使用的时候只要用手臂将皮筋拉开，将装石块的袋子拉至耳后或者绕过头部，然后松手发射。古罗马人将运用这种原理制造的投石器称作石弩，这种石弩有一个水平框，框上有两条侧桁条在中间部位向上弯曲，一根粗且缠绕着的腱绳穿过横梁正中的巨大的孔，被固定在每一根侧桁条的外侧。这根腱绳连接一根长木臂的一端，而这根木臂的上端有铁钩钩住弹囊。投射手用绞盘将长木臂绞到下面，产生缠绕着的绳子的反向张力，同时，在弹囊中装入大石块。长木臂会在释放的同时向前弹，抛出石块。弹石离开投石器后短柄会打在弹弓的另一端，引起强烈的震动，而装载稻草填料的大垫子就是用来缓冲这种震动的。

相比其他投石器，石弩可以造得相当巨大，例如有一个巨型石弩需要 8 名男子摇下绞盘短柄，拉紧绳索。但是这个石弩并没有两根缠绕的绳弦和两根水平短臂，它只有一根水平的绳弦和单根的垂直短臂，所以也就相对比较容易建造。

古罗马王朝衰落之后一直到中世纪，欧洲的军队依旧使用投石器。他们发明了一种投石机，其工作原理类似跷跷板，一块较大的石头将横梁的一端压下，由于杠杆原理，横梁的另一端就会抬起，装载在上面的较小的石块被抛射到空中。但是最终所有类型的投石器都被 14 世纪的大炮取代了。

●石弩可以将石球掷到 91 米远的地方。图示的
　石弩正准备就绪，等待发射。

算盘与计数

　　大自然赐予人类手指与脚趾用以计数。但随着日常生活的日益复杂，人们需要更复杂的计数方法，所以就有人设计了各种各样的计数装置，其中就有沿用至今的算盘。

大 事 记
公元前 3400 年 埃及首次使用数字
公元前 3400 年 首次使用苏美尔数字
公元前 1200 年 首次使用克里特数字
公元前 4 世纪 中国发明数字组系统
公元前 300 年 巴比伦第一个记数板制作于萨拉米斯岛
公元 662 年 塞维鲁斯·塞博赫特表述了印度数字
公元 876 年 在印度戈维利尔使用第一个位值计数系统和零
公元 976 年 在欧洲发现用印度－阿拉伯数字的最早记录

　　随着社会及经济发展日趋完善和复杂，商人们需要保留交易的精确记录。政府官员也需要保留重要记录，譬如地契、纳税人以及缴纳税金的数量、收成、食品和其他物品的存储量，以及军队的规模。记录当然是要写下来的，故而代表数字的方法应运而生。

　　最简单的方法莫过于在木棒边沿刻下一组凹点或者在动物骨骼或者石头上磨出痕迹，但这对较大的数目不适用。古埃及开始使用数字应该是在约公元前 3400 年，它们包括一个竖直的标记记作 1，另外不同的标记辨别 10 的不同次方 (100，1000，10000 等等)，然后就可以把它们写在纸莎草纸上。几乎是同时期，苏美尔人在湿黏土上用铁笔书写类似箭头一样的形状，箭头指向下、左、右，到约公元前 2400 年，该计数系统发展成为楔形文字。克里特人在约公元前 1200 年开始使用数字，竖直线记 1，水平线记为 10。这种系统是以分组形式辨别的。如果"｜"表示 1，则 2、3 和 4 分别用"｜"，"‖"，"｜｜｜""｜｜｜｜"表示。还有一种做法是将所有数字都编排单个的符号表示一个特定的值。中国在公元前 4 世纪就发明了这样的计数系统，将 1 ~ 9，还有 10、100 和 1000 等，分别赋予了特定的符号。

　　许多文明，包括现代的文明，均以 10 为基础计数。这是一种很容易理解的选择，因为我们有 10 个手指 (脚趾)。但是这也不是唯一的选择，在巴布亚、新几内亚和澳大利亚，人们还是这样计数的：一、二、二和一、二和二、二和二和一，如此等等，这是以 2 位基数的二进制系统。有的还以 3、4、5 等为基数计数。玛雅人用

● 这是一个罗马便携式记数板 (或称早期算盘) 的复制品，这种计数板不同于这之后的中国算盘。中国算盘是将珠子串在木棍上，而计数板是将算子 (石头或者其他表示数字的物体) 在凹槽中滑动。

的是二十进制，其中有一些是十二进制。英国还将十二进制沿用至今，
如用于货币单位——12便士合1先令。在北美洲，十二进制还
用于长度计量——12英寸合1英尺。十二进制也
用于"打"（12个）和总额（12×12）。巴比伦
人以60为基数，就是依照该系统，现代
的60秒合1分钟，60分合1小时或1度。

古希腊人使用竖直杆"丨"表示1，
以及用最初的字母表示数，如Γ代表5，
Δ代表10，Η代表100，Χ代表1000，
Μ代表10000，这个系统约在公元前600年
阿提卡（古代希腊中东部一地区）首次出现，
即阿提卡数字。相比之下，罗马数字就容易使

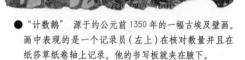

● "计数鹅" 源于约公元前1350年的一幅古埃及壁画。
画中表现的是一个记录员（左上）在核对数量并且在
纸莎草纸卷轴上记录。他的书写板就夹在腋下。

用得多了，学生们只需要记住I(1)，V(5)，X(10)，L(50)，C(100)，D(500)和M(1000)这些
符号及其代表的数目就可以了，I，V，X和L就足够满足大多数计数需求。

我们今天使用的阿拉伯数字起源于大约公元前4世纪的印度。公元662年，居住
在美索不达米亚平原一带的一位主教——塞维鲁斯·塞博赫特描述了印度数字。阿拉
伯学者开始使用它们是在公元8世纪。这些数字符号出现在欧洲的一批于公元976年
写于西班牙的手稿中。

所有这些计数系统用于记录数量、日期以及加减法是绰绰有余的。乘除法就相对难
得多了，就像阅读长数字一样。当用数字的位置来表示数字符号代表的值时，数学也就
容易许多了。例如在我们的十进制计数系统中，最右边位的数字代表的值最小，最左边
的值最大。如369根据每个数字所处的位置代表着3×100+6×10+9×1。

一些资料表明了位值系统的早期起源，但是具体时间不详。最早的确切的位值系
统的记录以及代表零的符号发现于戈维利尔（印度德里以南420千米的一个地方），
写于公元876年。

尽管没有位值系统，古代数学家使用一种计数板也能进行冗长复杂的演算，这种
计数板可能源于古巴比伦，通过在板上铺上一层沙作为书写媒介。闪米特文字中，"灰
尘"写作"abq"；希腊人称"计数板"为"abax"，而我们称之为"算盘"。一块
在古希腊萨拉密斯岛发现的巴比伦计数板制作于约公元前300年。中国人同样也于公
元前4世纪发明了计数板，1500年发明了串珠算盘——尽管早在公元190年中国人就
清楚地记载了原始算盘。中国算盘约在1600年传到日本。

记数板有平行的直线，使用者在这些直线上放置计数用的石块或者其他标志物。
后来，这一盘沙就被一个覆盖着石蜡的板所取代，最终演变成带凹槽的木板。现代的
算盘带有绳或者棍，上面串着标记物。这些线、槽、棍子代表不同的值（十、百、千），
还有钱或度量单位。

水车的广泛应用

在古代，所有机器都是靠人力或畜力驱动的。帆船利用风力航行，后来的风力磨也是如此。但是最早的机械动力主要是来自水。约公元前80年出现的水车就是由水提供动力的。

水车是安装有一组涡轮叶或明轮翼的圆轮，当水流过这些涡轮叶和明轮翼时，水车就会转动。一根连接到圆轮中心的转杆可以通过转动带动一些装置。在人们使用水车的初期，驱动的几乎总是碾磨谷物的一对磨石。正因如此，人们一般都会把水车本身称作"磨坊"。

最简单的水车形式是水平水车，这种水车有时也被称为"希腊磨坊"或者"挪威磨坊"，竖直安装的转杆可以直接连接到一块磨石上。这种水车也可以驱动一系列的水罐舀水，或被当作水泵抽水使用。轮则被安装在溪水急流中。类似地，水通过渠道直接被引向水轮涡轮叶。

● 巨型多叶片水车，即"庠水车"，在经历若干个世纪之后仍保持原貌。图中两座水车位于叙利亚共和国奥伦提斯河。我们可以从右边水车中心站着的一个人估算出这两个巨轮的尺寸。

●上水流水车（图 1）由从上流下的水流驱动，落在
涡轮叶上的水流的重力推动水轮旋转。下水流水车
（图 2)则是直接浸入溪流中，完全依靠恒定水流动
力推动其旋转。

图 1　　　　　　　　　　　图 2

在过去，一些水平水轮通常被安装在
河上拱桥的桥洞里，甚至是河中心停
泊的驳船上。

　　有的水车是垂直安装的，驱动一
根水平转杆。水车形式多样。在下水
流水车中，下部涡轮叶浸没在溪流中，
水流冲击涡轮叶使水轮转动，转动方向与水流方向一致。在其他垂直型水车中，则
需要齿轮传动装置通过水平转杆转动磨石（因为重量的原因，磨石几乎都是水平安
装的）。早期的工程师将小木片插在木质圆盘上做成简易的齿轮。下水流水车以基本
恒定的水流为推动力。为了保证这样恒定的水流，工程师们就在主河道上筑起大坝，
修建蓄水池以保证稳定的流速，这也被称作"磨坊用水流"。在各种下水流水车中，
有一种"齐胸水车"，也就是水流没过水车的一半，水的重力结合水流的冲击力推
动水车转动。下水流水车有时也被称为"维特鲁威水轮"以纪念罗马建筑师马科斯
·维特鲁威·伯利奥（生于公元前 70 年），他在约公元前 20 年详细描述了这种水车
结构。

　　在上水流水车中，水流沿水渠或者水槽（称作"流水槽"）流出，到达水轮顶部。
涡轮叶有一定的角度或扭曲，形成小的凹槽，落入凹槽中的水的重力驱动水轮向与水
流相反的方向转动。当然，也可以将涡轮叶反方向扭转，这样水轮转动方向就与水流
一致了。上水流水车的工作效率以及驱动动力较之下水流水车要高很多，一个直径为
2 米的上水流水车的驱动力可以高达 6 马力（1 马力约合 735 瓦），而相同尺寸的下水
轮水车只有约 0.5 马力。在约公元 300 年时，古罗马人在法国南部的巴比盖尔建造了
一个有 16 个上水流水车的面粉磨坊，这个磨坊可以产生 30 马力的动力，平均每日磨
谷物超过 27 吨。

　　上水流水车所需要的水量不及下水流水车那么多，也没有必要安装在激流附近以
获得足够的动力。上水流水车的建造成本很高，但成本与其所带来的利润相比仍是小的。
在接下来的 1000 多年中，这种水车一直最受人们青睐——到 11 世纪末期，仅在英国
就有近 6000 座这样的水车磨坊。除了为磨面作坊提供动力，水车还可以驱动锯子切
割建筑石料，将原木劈成木板，将水抽起用于灌溉。公元 725 年，中国人甚至用水力
驱动机械水钟。

　　大型的水车，又称作"戽水车"，直径达 12 米，修建在中东国家的河流上，给
附近的农田供水。在工业革命初期蒸汽机出现以前，水车一直是人们使用的主要动力
装置。

纸张的生产及应用

造纸术是中国古代四大发明之一，以东汉蔡伦为代表的发明家总结了先前的漂絮等处理经验而创造发明的。在纸还没有发明以前，古埃及人用纸莎草、古印度人用贝树叶、古罗马人用蜡板当作记事材料，而书写介质真正的进步当属中国匠人发明的纸张。

约公元前 2800 年，古埃及人就开始用尼罗河岸边生长的纸莎草作为书写材料。他们将纸莎草去皮，把木髓切成细条状后十字形交织起来，然后重击压平后就制成了平整的纸草，随后又用光滑的石头将纸莎草表面磨光滑。

其他早期的书写材料包括树皮、布料，还有薄的兽皮，后者常常被用来制成羊皮纸和犊皮纸。羊皮纸通常使用未鞣制的羊皮制作而成，很可能是以其产地帕加马（古希腊城市，现为土耳其伊兹密尔省贝尔加马镇）命名的。犊皮纸与羊皮纸类似，

大 事 记
公元前 2800 年 埃及发明纸莎草纸
公元 105 年 中国发明纸张
公元 868 年 出现第一本印刷书籍
公元 960 年 中国出现纸币
公元 1150 年 出现第一家欧洲造纸作坊
公元 1442 年 出现印刷出版机构

是用羔羊或者牛犊的皮制造的，不过更薄一些。工匠们用石灰清理皮革表面，干燥后在一个框架上将其拉伸开来，然后用锋利的刀片把皮革表面刮平，方便书写。

真正意义的纸是由中国人发明的，造纸术也是中国古代最伟大的发明之一。公元 105 年，汉代（公元前 206 ～公元 220 年）中常侍蔡伦（约公元 50 ～ 118 年）撰写了第一部记录中国造纸术的著作。他在书中描述了用碎布片和其他比如树皮等材料造纸的过程，但这些技术可能早在 100 年以前就出现了。中国手工工匠还用树叶及其他植物材料造纸。一种方法是把嫩竹纤维和桑葚树皮内层混合后加水捣烂

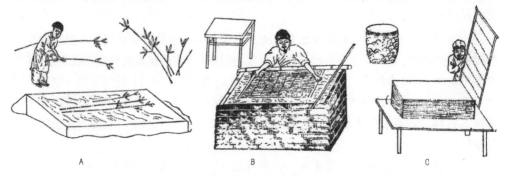

A   B   C

● 造纸术自约公元 105 年由中国人发明以来，其生产工艺几乎未作改变。人们首先是用诸如树叶、桑葚和嫩竹之类的植物材料（A 图）在研钵中与水混合捣烂成纸浆。然后造纸工人将纸浆均匀铺在一张精细的筛布或者网状织物表面（B 图）。最后，水分通过筛布网眼渗透流走，留在筛布上面的就是交织重叠的纤维质层，干燥后就形成了一张纸（C 图）。

成纸浆。将纸浆倾倒在一层张在木框上的粗布上，粗布就像一个过滤器一样，水分慢慢渗透，而留在布片上的纤维则经干燥处理后做成纸张。照此法，使用麻纤维可以做出更优质的纸张，但是所有材料中最昂贵的应当算是丝绸织物制作的纸。为了使纸的表面更容易书写，造纸工人在新造的纸张表面涂上一层从淀粉中提取的糨糊胶料。粗糙的纸被用做包装纸，特制的软纸则用来当卫生纸。

●已知最早的印刷书籍是公元 868 年出现的中国佛教经典《金刚经》。书中的图案是用木版印刷在手工制成的纸张上的。图中表现的是众神膜拜菩提祖师的场景。

中国的造纸术是在公元 3 ～ 6 世纪之间传播到朝鲜、日本以及越南。而后传至印度和中亚的撒马尔罕（今乌兹别克东部），大约在 8 世纪时传播至中东的大马士革和巴格达。约公元 10 世纪时，阿拉伯商人将该技术传至埃及和北非，他们使用亚麻纤维制造强韧精细的纸。此后造纸业就开始使用草质纤维，譬如细茎针草、稻草麦秆纤维，最终发展成为木质纸浆。欧洲第一家造纸工场是建于 1150 年的西班牙港口城市瓦伦西亚。那时候，造纸厂称为"纸坊"，工厂需要水车为纸浆机提供动力可能是它们获得这个名字的一个原因，还可能是由于当时使用旋转石磨磨碎植物材料。

人们利用这些纸张做什么呢？当时的人们需要记录食物储备和赋税缴纳情况——直到计算机出现之前，所有的政府机构都需要大量纸张。记录员们不辞辛苦地誊写宗教经文和历史典籍。中国人还用纸制作雨伞、雨衣甚至窗户。中国士兵们则用一种加强型的厚纸板制作护身铠甲。中国人还发明了第一本装订成的书。大约在公元 960 年，中国人在木刻板上刻上文字图案印制大范围流通的纸币。欧洲的印刷术是由德国发明家约翰纳斯·古登堡（约 1400 ～ 1468 年）发明，并因此引发空前的需纸热潮，不久之后，书籍再也不是贵族们专享的奢侈品。后来兴起的报纸开始每天消耗掉大量纸张。

维京人的航海旅行

　　古埃及人和美索不达米亚人制造了最早的带有方形帆的船只，但是这些较小的船只仅能在如尼罗河和幼发拉底河这种平静的河流中航行。来自斯堪的纳维亚半岛一带的维京人改良了这种方形帆。驾驶着他们的巨型长船，维京人一路航行，穿过大西洋，一直到达北美洲。

大 事 记
公元 793 ~ 1000 年 维京人袭击欧洲大陆
公元 860 年 维京人发现冰岛
公元 874 年 维京人定居冰岛
公元 982 年 "红发埃里克"发现格陵兰岛
公元 986 年 维京人定居格陵兰岛
公元 1000 年 莱发·埃里克探索到北美洲海岸线

　　早在公元 793 年，维京人就开始掠夺苏格兰和荷兰沿岸的海岛。到了公元 850 年，他们侵占了爱尔兰，并且在那里定居。约公元 860 年，维京水手们发现了冰岛，并在 14 年后定居于此。当维京首领开始侵略英格兰和法兰西时，船上的水手们则开始了一系列大规模的横渡北大西洋的旅行。公元 982 年，埃里克·瑟凡森（公元 950 ~ 1003 年）（或称作"红发埃里克"）发现了格陵兰岛冰层边缘海岸，并鼓励人们在岛上定居，公元 986 年，他带领 400 名殖民者定居在那里。约公元 1000 年，他的儿子莱发·埃里克对北美海岸进行了探索，他抵达了海鲁岛（今天的巴芬岛）和马克岛（拉布拉多），此后，就在一个被他称作文澜（可能是得名于他在当地发现的葡萄酒）的地方过冬。人们估计文澜确切的位置应该在南拉布拉多和新泽西州之间的某地。大约在 1 年后，莱发·埃里克就带着一群人来到纽芬兰岛沿海地区。由于那里缺少木料，

●维京人的长船是欧洲最优良的船。它由橡树或松木制成，能稍微弯曲，轻便却十分坚固，能让维京人在环境恶劣的北海上更好地生存。它主要由桨驱动，也带有一个船帆，在海上的最高时速可以达到 20 千米。维京长船也是一种战船，尤其适合突袭。它可以在较浅的水域中航行，也可以靠岸登陆。

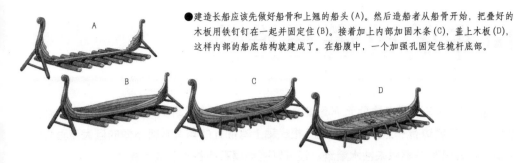

●建造长船应该先做好船骨和上翘的船头(A)。然后造船者从船骨开始，把叠好的木板用铁钉钉在一起并固定住(B)。接着加上内部加固木条(C)，盖上木板(D)，这样内部的船底结构就建成了。在船腹中，一个加强孔固定住桅杆底部。

定居者只能用草料覆盖房屋，建立了雷安色奥克斯米都居住区。但是这些不速之客的到来遭到了被维京人称为"蛮夷"的当地土著的强烈排斥，他们赶走这些入侵者。

维京人同样突袭了欧洲大陆。他们沿着欧洲的主要河道逆流而上，两次洗劫了法国巴黎——分别在公元 845 年和 856 年。他们建立了贸易路线和定居点，并于公元 911 年占领法国北部诺曼底直到约 1000 年。他们也同样在爱尔兰、英格兰、丹麦、德国以及俄国定居。

维京人称霸海上的秘密是他们非凡的有开敞式船身的长船，这种船圆滑而快速，具有两头尖翘的船身和坚固的、装有巨大方形船帆的桅杆。船的两侧都有一整排的桨，可以在靠近海岸或者在河口等无法使用帆的地方控制船的航行。桨还可以在海战中加快船速。在船的右侧还有单支的掌桨。人们将长船中体形最大的称为"德里卡"或"龙船"，因为在这条船的两头都有雕刻的龙头像。这种船总长可达 30 米，最快速度 26 千米／小时。维京人为了运货、乘载商人和殖民者，还制造了一种与长船相比更短、更宽的船只，称为"那尔"，这种船的船舷相对较高，从船头到船尾均是货物甲板，船桨很少。这样船的载重量可以达到约 27 吨。

制船者将直的橡木板叠放，再用铁钉固定，形成船身的侧面，而船体的内部结构则是按照船形，用仔细挑选的符合船形曲度的树枝锯成的坚硬的木板做成的。为了达到最大强度，船肋材（船体起支撑作用的部分）并不是按照一般方法锯成形的。船帆是一张羊毛织物，这种帆在暴风雨中被浸透后就变得极难控制。长途远航时，船员们就蜷在兽皮做的睡袋里睡在开敞的甲板上。他们的食物是腌制晒干的鱼肉。除了带上他们常喝的蜂蜜酒（一种用发酵蜂蜜制作的酒精饮料）外，他们必须带足淡水。

我们现在对维京人长船的了解基本上来自沉船残骸，譬如公元 834 年在挪威奥斯堡为安息女皇（1904 年被发掘出来）制造的一艘长船。在葬礼中，多名船工将这条长 21.6 米的长船拖上岸，然后将船放入一个浅槽中。哀悼者将女皇的尸身装进一个原木棺材中，然后把棺材两头随葬的家私炊具在船甲板上一字排好。最后人们用石土覆盖整条船，在船的最顶部种上草皮。这座奇特而又宏大的坟墓静静地沉睡了 1000 余年。

风车的改进与推广

最早的风车出现在约公元 605 年的波斯（即现在的伊朗），这些风车被称作阻力型风车，其侧边有一点像水车，在一根纵轴上有捆扎的芦苇或帆布做的巨大而垂直的翼板。这些风车主要用来抽水灌溉，还可以驱动碾石将谷物碾成面粉。

大 事 记

公元 605 年 在波斯，人们开始使用阻力型风车

12 世纪 岗位风车出现在欧洲，用来碾磨谷物

1414 年 风车在荷兰被用来排水

16 世纪 风车技术被引入了美洲大陆

1772 年 发明弹簧翼板

1854 年 赫拉蒂式风车获专利

●这是一个典型的希腊早期石制风车。它面向海岸边常年盛行风向，只有从这个方向吹来的风才能使风车开始工作。

风车于 12 世纪在西欧出现，但是早期欧洲的风车与早期波斯的风车有一个明显的区别：欧洲风车的翼板从一个水平轴上伸出，而不是安装在垂直轴上，整个风车安装在石塔或其他固定物的一侧，这样的设计更加有效地利用了可用气流。在一个垂直轴阻力型风车上，只有一半翼板任何时候都暴露在风中，这就意味着至少一半的可用能量流失了。通过将翼板安装在升高了的水平轴上，欧洲人制造的风车立刻将效率提高了 1 倍以上。

这似乎让人挺难理解：拥有更加先进技术的波斯人没有意识到这点吗？而实际上，水平轴风车是比垂直安装的阻力型风车复杂得多的装置。首先，使用一个竖立的风车去转动磨石必然会涉及齿轮的使用，从而实现旋转 90°的转力，对欧洲的水磨制造匠来说，实现这个没有问题，因为这项技术已经在水车上使用了；其次，一个竖立的风车只有在翼板正对风向时才能最有效地工作，因此欧洲早期的风车或建造得面向盛行风，或可以灵活调节。前一种设计在法国、西班牙南部海岸及地中海部分岛屿上很适用，因为这些地方常年刮着由海面吹来的风，但在风向多变的北部地区，这种设计就不再可行，为此，内陆风车，又称岗位风车，广泛地应用于这些地方，它们通常体积较小，被安置在一个立柱之上，可以根据风向而调整位置。

到了 15 世纪，风车翼板安装在一个独立于风车塔主体、可自由转向的"帽"里。当磨坊主需要调节翼板所面对的方向时，他只需要转动这个"帽"而不是整个装置。

齿轮
翼板
水平驱动杆
内置磨石
纵轴

●这是一架很典型的欧洲岗位风车，它的木结构能朝着微风转动。在内部，齿轮将力转化，转动水平翼板杆，又使其变成推动围绕着一根垂直轴转动的巨大的磨石的力。

调节过程通常只需要用到一根长杆，它的一端连接在"帽"背，以一定角度垂到地上。推动这个长杆时，整个"帽"随之转动。得益于这项技术的发明，风车不再因转动时对人力的要求而局限在一定大小之内，人们因此可以用砖或是石头来盖造几层楼高的风车。此时风车不再是单纯的机械，而更像严格意义上的建筑。建造越高大的风车意味着有更大的翼板，也就可以产生更强的驱动力。风车内也有足够的空间可以提供给主人及他的家庭成员居住、工作，按照不同的生产过程，比如储藏、碾磨、从碾磨后的面粉中筛去麸皮、称重、包装等划分楼层。

起初，风车的翼板是由木制框架蒙上帆布制成，会被过大的风吹卷，甚至在非工作状态下整个被吹落。到了1772年，苏格兰的风车匠安德鲁·米克（1719～1811年）发明了弹簧翼板，它们是由木制板条制成，在弹簧作用下成闭合状态。刮大风时，翼板上承受的压力迫使板条弹开，以减小对风的阻力。这个精妙的自动控制装置保证了翼板在稳定的速率下转动，能在阵风或是强风环境下安全工作。1807年，英国工程师威廉·丘比特（1785～1861年）发明了一种在翼板转动过程中改变板条角度（从而改变翼板转动速率）的方法。由于能够调节翼板的转速，磨坊主能更好地把握所生产面粉的质量。

早期风车的应用有两种目的——灌溉及碾磨，再也没有什么地方比荷兰更需要这两项应用了。因为这个国家的大片田地地势低洼，只有依靠成千上万架风车持续地抽水工作才能使其保持一定的干燥度。在16世纪后期，曲柄杆的发明意味着风车可以用来驱动锯木机。1888年，美国俄亥俄州的发明家查理·布什（1849～1929年）使用风车来发电。

欧洲殖民者在16世纪将风车引入了美洲大陆。1854年，美国机械师丹尼尔·赫拉蒂发明的赫拉蒂式风车取得专利，这种风车在随后拓荒西部的过程中扮演了重要的角色。它有一个尾翼，使其能随风向自动转动。类似的数以千计的风车至今仍然在美国的乡村及澳大利亚的内地被广泛地应用在抽取农地用水或是牲畜喂养方面。

数学的进展

　　欧洲的文艺复兴重新唤起了人们对学习的热情。学者们开始翻译早期数学家们的著作，同期印刷术的发明使知识的传播更为广泛。革命性的变化是 16 ～ 17 世纪小数和对数的发明。

大 事 记
1142 年 欧几里得的《几何原本》被翻译成拉丁文
1145 年 阿尔科瓦利兹米（约公元 780 ～ 850 年）的《利用还原与对消运算的简明算书》被翻译成拉丁文
1202 年 斐波纳契在《算经》一书中解释了阿拉伯数字的使用规则
1494 年 出现复式簿记
1543 年 英文版《艺术的基石》出版，这是第一本关于数学的普及读物
1585 年 出现小数
1591 年 使用字母来表示代数等式中的量
1594 年 发明自然对数
1614 年 自然对数表被发表
1617 年 内皮尔发明"内皮尔骨"
1619 年 小数点被发明
1622 年 计算尺被发明
1624 年 常用对数表被发明

　　中世纪的欧洲学者们游历四方，其中的一部分人掌握了阿拉伯语。英国巴斯的哲学家阿德里亚地（约 1080 ～ 1160 年）就是诸多将阿拉伯语作品译为拉丁语的高产的翻译家中的一个。在 1142 年，他完成了古希腊数学家欧几里得（约公元前 300 年）《几何原本》的翻译，第一次把这部欧几里得的传世著作介绍给了欧洲人。他也翻译了阿拉伯数学家阿布·扎法·穆罕默德·伊波缪萨·阿尔科瓦利兹米（约公元 780 ～ 850 年）绘制的天文图，复制了其使用的阿拉伯数字。在 1145 年，来自英国切斯特的学者罗伯特首次翻译了阿尔科瓦利兹米的《利用还原与对消运算的简明算书》，用音译法引入了"代数学"和"运算法则"这两个词语。

　　尽管阿德里亚地和罗伯特都使用新的数字，但真正对它们着迷的当数意大利数学家莱奥纳多·斐波纳契（约 1170 ～ 1250 年），斐波纳契出生在意大利中部的一个重要商业中心城市——比萨，致力于研究商业应用数学，在 1202 年发表的《算经》一书中，他解释了数字的使用规则。斐波纳契还概述了在数字体系中应用位值概念的优越性。正是他首先使用了分数线（用一斜杠来区分分子与分母，如 1/4）。他也研究几何和数列，其中包括现在以他名字命名的斐波纳契数列：1，1，2，3，5，8，13，21（在这个数列中，每个数值都等于它前面 2 个数字之和）。在 1494 年，被誉为会计学奠基人的意大利教士卢卡·帕西欧利（1445 ～ 1517 年）发明了复式簿记的登记方法，并在其出版的《算法、几何及比率等运算中部分细节的探讨》一书中对该方法进行了介绍。

　　所有早期的数学作品都是面向学者或者商人的。第一本关于数学的英文普及读物是英国学者罗伯特·瑞克德（约 1510 ~ 1558 年）撰写的《艺术的基石》，这本书于 1543 年完稿及出版，并在此后的 150 年间被不断重印出版。1557 年，罗伯特·瑞克德成为第一个使用等号（"="）的人；加号和减号则是由德国学者首先使用的。数学家们使用代数等式。在拉丁文中未知数被称为"cosa"，德语则是"Coss"。到了 1591 年，法国政治家兼律师弗朗斯瓦·维耶特（1540 ~ 1603 年）撰写了《分析的艺术》一书，他用元音字母表示未知量，用辅音字母表示已知量，写出了现代数学家

●这幅 1495 年的肖像画表现了意大利传道士卢卡·帕西欧利（左）站在一张桌前，桌子上放满了几何工具，包括圆规和一个 15 面体模型。他一边观察着一个玻璃多面体，一边图示欧几里得提出的某个定理。

也能理解的第一个方程式，因此被称作"代数之父"。然而数学对维耶特而言不过是一项兴趣爱好，他最辉煌的成就是在法国与西班牙战争期间作为法国国王亨利四世的侍臣破译了西班牙菲利浦二世使用的密码。

与此同时，苏格兰莫切斯顿的男爵约翰·内皮尔（1550 ~ 1617 年）正在紧张地发明一种骇人的武器，以保卫苏格兰免受西班牙的袭击。然而袭击事件并没有发生，许多人都因此认定内皮尔神经不正常。但不论其正常与否，内皮尔仍是杰出的数学家。在 1594 年，内皮尔发明了一种运算方法——所有数字都用指数函数表示，譬如 $4=2^2$。乘法因此成了一项关于指数相加的运算，如 $2^2 \times 2^3 = 2^5$，而除法也仅需要将指数相减。他称指数表达式为"对数"，意指成比例的数字，并于 1614 年公布了以 e（自然对数，是个无限小数——2.71 828…）为底数的对数表。

内皮尔对数（又称自然对数）沿用至今。然而一位牛津大学的几何学教授，也是内皮尔的仰慕者——亨利·布瑞格斯（1561 ~ 1630 年）指出，取 10 而不是 e 作底数将使运算更简便，因为这样 $\log 10=1$，而 $\log 1=0$。布瑞格斯发明了"常用"对数。在 1624 年，他公布了从 1 到 100 000 的对数表。他还发明了应用于长除法的现代计算方法。

西蒙·史蒂文（约 1548 ~ 1620 年）是一位佛兰德物理学家、工程师和数学家。1585 年，他首次提出了十进制记数法，但内容上并不完整。直至 30 年后约翰·内皮尔引入小数点这一符号，才使小数得到充分应用。

内皮尔极渴望能加快计算速率，1617 年他带来了个人的第三个创新——"内皮尔骨"。它们是些笔直的棍子，每支都相应刻有乘法表。使用者按一定规则将它们排列组合后，任何烦冗的乘法计算即成为简单的加法。改进后的工具可旋转，其内部安放了 12 个圆柱体"骨头"。

大约在 1622 年，英国数学家威廉·奥特瑞德（1574 ~ 1660 年）发明了"计算尺"。在 20 世纪后叶电子计算器被发明以前，数学家和工程师们一直使用计算尺来计算对数。奥特瑞德在两把尺身上标记了对数刻度，凭借另一把尺在计算时的机械移动来获取结果。在一本 1631 年出版的书中，奥特瑞德还引入"×"符号来标记乘法，用"："标记比例。

城堡与桥梁

当诺曼人于 1066 年入侵英格兰时，那时还没出现新型的防御工事。但英格兰在被占领后，那些看起来坚不可摧的城堡迅速遍布了整个王国。直至 14 世纪，欧洲仍在建造那些城堡与防御性的桥梁。

一座城堡就是一处防御工事。最初，城堡为那些拥有其周边土地的领主或国王作为要塞所建，城堡通常具有开阔的视野，能瞭望城邦或庄园，工匠们也极尽所能地将其建造得坚不可摧。随着技术与进攻武器的发展，进攻方发动攻城与围困的能力越来越强，城堡也因此越盖越高、越来越厚实。同时，城堡也越盖越大，以容下所有人以及维持生活的补给与粮食储备。

大 事 记	
1075 年	温莎城堡的圆塔楼竣工
1080 年	白色塔楼（伦敦塔）竣工
1142 年	骑士堡竣工
1184 年	阿维尼翁桥竣工
1198 年	加亚尔城堡竣工
1209 年	老伦敦桥竣工
1322 年	卡那封城堡竣工

当诺曼底公爵威廉一世在 1066 年渡海向英格兰发起进攻时，他的军队必须战胜城堡内当地居民的抵抗。当时的城堡一般用石头或者木材建造在土丘顶上，并由护城壕沟围绕。在土丘的底部会有一片区域，被称为保卫区，这片区域的四周有木栅栏保护。由城墙保护的保卫区被称为城堡外庭，这种形式的城堡被称为土岗－外庭式城堡。

在入侵英格兰的早期，土岗－外庭式城堡也为诺曼人所用，比如约 1075 年的温莎城堡就修筑在一个由人工堆起的土丘的中心地带。诺曼人也用石头建造城堡。呈矩形的白色塔楼建成于 1080 年。城墙厚度不一，主要取决于该墙面易受攻击程度的大小，多数厚达约 1.8 ~ 2.1 米。

城堡的中心是主塔，或称要塞，这是整个城堡中最坚固并由重兵把守的部分，当敌军攻破外墙时，所有的守城部队都会退入主塔中。主塔包含领主的生活区、办公区和储藏室，这里还有井及其他的装备以应付持续的围攻。后期建造的城堡都习惯把生活区建在外庭，而把主塔作为最后的防线。

●石制要塞取代了土岗－外庭的设计理念。笔直、高耸的城墙使得战时进攻一方难以攀爬。

城堡外墙由一条或数条护城河保护，有时护城河之间也会构筑外庭。比如建造在法国里昂与巴黎之间、位于塞纳河岸边绝壁上的加亚尔城堡就有三重外庭：在山脚与内护城河之间的内庭，内护城河与外城墙之间的中庭，及外城墙之外受外护城河守护的外庭。这三重外庭排列在一条直线上，所以入侵者在攻打要塞之前需要突破所有的三道外庭。英格兰的理查德一世（1157～1199年）在1196年～1198年间修筑了加亚尔城堡，该城堡至今仍是欧洲最坚固的城堡之一。

●横跨在法国南部洛特河上的旁特·瓦雷特桥长138米，有6个主拱和3座坚固的堡塔。

架在护城河上的吊桥能够被升起或放下，而关口通常受到主体城堡城墙防御工事——碉堡的保护。当吊桥升起时，闸门会被放下以关闭关口。闸门表面由木头和铁制成，在城墙凹槽里垂直升降。

一座宏伟的城堡是城堡主权力与财富的象征。当英王爱德华一世（1239～1307年）于1282年～1283年间征服威尔士后，他修建了6座城堡来驻扎部队，同时也是向当地居民炫耀他的武力。其中建造于1283年～1322年间的卡那封城堡矗立至今。

中世纪建造了许多城堡，其中最为壮观的要数位于叙利亚的骑士堡（又称克拉克德谢芙拉叶），它控制了地中海与内陆城市欧姆、奥伦梯河上的哈马（叙利亚西部城市）之间的战略通道。城堡内、外城墙由一条壕沟分隔，可容纳驻军两千余人。圣约翰骑士督造了该城堡，并从1142年起一直坚守，直到1271年被苏丹贝巴一世攻陷。

在城堡盖得日益庞大与牢固的同时，火炮技术也在不断发展，到后来，炮火的威力已经强大到可以将任何城墙炸得粉碎。1494年，法国军团向意大利不断推进，在火炮的协助下，沿途的城堡被悉数摧毁。防御性城堡的修筑热潮逐渐退去，国王与封建领主们转而为自己修建宫殿，其目的也从炫耀武力转为供闲暇享乐所用。

大多数城市建造在河流边，通常是沿河岸两边延伸扩张，由桥梁连接两岸。但许多中世纪的桥梁还具备更多的功能，有的比如法国南部卡奥尔洛特河上的瓦雷特桥（于1308年开工，1355～1378年间完成建造）有三个堡塔，防御的驻军可以控制桥面交通。

其他有的桥上还建有店铺、礼拜堂、通行税征收处等各色建筑。著名的阿维尼翁桥于1177年～1184年间在圣班尼兹的督导下开始建造，在1680年被弃用，但当年圣班尼兹下葬的殡仪馆保存至今。老伦敦桥是第一座以石头为主体建造、横跨有着潮汐涨落的泰晤士河的石桥。桥体建造于1176年～1209年间，以桥身设计的各类店铺、房屋为特色，屹立于世长达600多年。

改变世界的指南针

指南针起源于中国，是中国古代四大发明之一，在人类社会文明史上占有重要地位。

指南针的历史不可避免地与磁铁联系在一起。几千年前人类就发现了磁的存在，当时他们注意到了某种岩石——磁石的不寻常的特性。磁铁矿中含有大量的磁石，是一种氧化铁混合物，即天然的磁铁。根据罗马作家普林尼（公元62～113年）的记载，一个名叫马格纳斯的牧羊人注意到自己赶羊用的牧杖的铁质顶端会被某些岩石粘住，因此有了磁石的发现。

大 事 记	
1 世纪	司南（天然磁石）被发明
8 世纪	铁制指南针指针被发明
11 世纪	维京人在航海中使用了罗盘
1250 年	欧洲水手使用便携式罗盘
1269 年	罗盘刻度盘被发明

地球本身就是一个巨大的磁体，由熔融态的铁和镍组成的地球外核上有电流及对流存在，从而产生了磁场。就像一个简单的磁条，地球的磁场也有两极——北极和南极。把一个磁条放在撒满铁屑的纸上，铁屑会沿着由两极辐射出的磁力线分布。一个磁化的物体，例如磁石、指南针指针，也会像铁屑那样调整自己的指向，使其与磁力线的指向保持一致。

公元 1 世纪，中国人把磁石应用在叫作"司南"的装置中，主要用来看风水。在这个装置里，磁石被雕刻成勺子的形状，摆放在一个表面经过磨光的底盘上，会使自身指向南－北轴向。底盘上通常刻方向（东、西、南、北）、星座的分布及占卜用的符号。在公元83年，中国哲学家王充对这种装置进行了记载，但没有提到它在航海上的应用。

在 8 世纪，中国人用磁化了的铁针代替原先司南中的磁石。这种磁针是通过将铁针顺着磁性极好的磁石的磁轴放置磁化后获得的。1086 年中国科学家沈括（1031～1095 年）在他的《梦溪笔谈》中明确提到了一种专用于航海的磁罗盘。到了1117年，北宋朱彧写的《萍洲可谈》描述了指南针在海上的使用。然而直到欧洲人探险时代开始后，罗盘才被做成精密的航海辅助设备。

鉴于远东地区进行的大量革新，罗盘很可能是由阿拉伯人传入西方的。在此之前，欧洲的旅行者们利用太阳或北极星来辨别南北方向。尽管他们能通过这种天文方法

●第一个指南针是在中国制造的。人们将天然磁石雕刻成勺子形状，摆放在一个刻着方向、星座分布、占卜符号的底盘上，被称为司南。最先它们在天文、占卜方面使用，几百年后它才在航海中发挥作用。

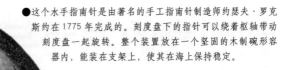

●这个水手指南针是由著名的手工指南针制造师约瑟夫·罗克斯约在 1775 年完成的。刻度盘下的指针可以绕着枢轴带动刻度盘一起旋转。整个装置放在一个坚固的木制碗形容器内，能装在支架上，使其在海上保持稳定。

来获得比较精确的定位，但这只有在天气晴朗时才能进行——不时出现的坏天气经常严重影响航海活动并导致灾难性的后果。

11 世纪时，维京人可能利用罗盘航行于北欧沿岸，但是第一个关于磁罗盘的记载来自《对于万物的思考》一书中，这本书由英国学者、牧师亚历山大·尼克曼撰写，出版于 1180 年。

欧洲早期的罗盘将一个磁化的指针垂直插在一根麦秆中，再使这根麦秆竖直漂浮在装有水的碟子里。这样的装置在一定程度上能指示准确的方向，但在旅行中携带它极不方便。到了 1250 年，指针被装在了一个枢轴上，它的上方是一张标有主要方向的圆形卡片，在指针的带动下能一起旋转。

1269 年，法国科学家皮特鲁斯·佩里格里纳斯第一次解释了磁铁（因此也包括了罗盘）的工作原理。他描述了磁极，并发明了罗盘刻度盘，使指针能用"度"来指示方向。

对罗盘进一步改进的技术包括将指针与刻度盘放置在一个盒子中。早期的这种盒子是用木头或者象牙等不会对施加在指针上的磁力造成干扰的材料制作的。后期使用的黄铜也是基于这个考虑。在 16 世纪，船上的罗盘被装在具有自动校正的轴或支架上，以保证罗盘能够在颠簸的船上始终保持水平位置。

罗盘迅速成为必不可少的工具。1594 年，英国哲学家弗朗西斯·培根(1561 ～ 1626 年)称罗盘指针的发明为文明社会最重要的三项进步之一（另外两项分别是火药与印刷术）。每年成千上万的水手将自己的生命托付于一个颤动的小小铁片，在航行过程中根据它的指示进行操作。后来水手们也逐渐意识到指针并不是永远准确的，它会受到来自附近物体，特别是铁制品的干扰。航海罗盘还会受到大陆的影响，当进行东西方向的航行时，航海人员知道必须做出适当的方位补偿来抵消一种称为"磁偏离"现象所造成的影响。

钟和表的发明与改进

　　大约在公元前 3500 年，埃及人使用的日影钟是已知最早的计时工具。它最基本的结构就是一根直立在地面上的木棒，当太阳在空中有较明显的位置改变时，它在地面木棒投影的位置也会随之改变，也指示着时间。

大 事 记
725 年 第一台水力驱动机械钟被发明
996 年 钟的擒纵装置被发明
14 世纪 80 年代 重力钟被发明
1502 年 发条钟被发明
1656 年 第一个摆钟被发明
1675 年 游丝校准器被发明

●这个中世纪的壁钟本质上是一个安装在墙上的日晷。日晷纤细的金属指示针投影在外围刻度上的投影指示着时间。图上指示的时间是刚过正午。

　　到了公元前 8 世纪，日影钟发展成了日晷，日晷的三角"翼"（指针）也取代了原先的木棒。沙钟也可以追溯到很久以前的年代，最普通的类型要数沙漏，沙漏上部区域的沙子全部流到下部区域正好需要 1 个小时。在 19 世纪 20 年代之前，英国皇家海军就一直在航海的船只中使用沙漏。

　　在晚上，古埃及人利用水钟来计时，它们叫作漏壶，仅为一个装满水且内壁有刻度标记的容器。容器中的水可以透过底部的一个洞滴出来，而容器的水平面对应的刻度则反映了时间。古希腊人在此基础上增加了一种漂浮机制，以移动一个标示物来指示时间。中国发明家设计的漏壶用水银代替了水。

　　公元 725 年，中国工程师梁令瓒和僧一行制造了第一架机械钟——以 10 米大的明轮的规则运动为基础。明轮的每条桨都由一个"杯子"组成，只要里面装满水，就会使整个轮子转 1/36 圈。一套齿轮系统能给出一天中时间的读数以及一年中的日期还有月相。到了大约 1090 年，中国宋朝宰相苏颂制造了一个巨大的水力驱动天文钟，又称水运仪象台，可以指示恒星明显的运动状况以及时间。

　　欧洲第一个机械钟使用的动力是重物，重物挂在绳索的一端，缠绕在一个鼓上。一个水平的振荡条控制一个位于鼓上的嵌齿轮的旋转，使其减速，这也就是最早的钟擒纵机构。每隔 1 小时，一个铁锤就会敲响一个铃（那时候钟还没有指针或刻度盘）。 实际上，

●在意大利城市帕瓦多的卡比塔尼欧官殿内有一个装饰华丽的24时制钟，它能够分别指示月相的盈亏以及太阳在黄道十二官中所处的位置。

英语中"钟"一词"clock"源自德文"Glock"，意思是"铃"。这种类型的钟据说是由法国学者兼牧师奥里拉克的吉尔伯特在他于公元999年成为教皇西尔维斯特二世之前发明的——大约在公元996年。今天，在法国的里昂和英格兰的索尔兹伯里的大教堂中依然保留着具有类似结构、可追溯到14世纪80年代的机械钟。

公元1502年，德国钟匠皮特·亨莱因发明了一个发条钟，带有一个水平的钟面以及仅有的一根时针。到了公元1656年，荷兰科学家克里斯蒂安·惠更斯设计了摆钟。1年之后，在荷兰的海牙，一个名叫萨洛蒙·柯斯特的钟匠也有了相同的发明。钟的下一个重大进展是锚形擒纵机构的设计，是由英国科学家罗伯特·胡克在1660年发明的。因为摆能够有规律地计时，所以重力驱动和发条钟均可应用。

1542年前的一两年间，亨莱因制造了第一个便携式计时器——表。不久他便离开了人世。这只表由一个发条驱动，仅有的一个时针透过发条盒正面的洞指示时间。振荡平衡轮和游丝校正器在1675年被发明，至今它们仍然被使用在机械钟表中。1680年，英国钟表制造家丹尼尔·奎尔发明了一种有重复报时装置的表，每当按下表侧面的控制杆时，它会重复最后一次报时信息。

摆轮心轴

原始平衡摆

离合式棘爪

冠状轮

嵌入式棘爪

●所谓擒纵机构就是指机械钟表内部控制运行速度的装置。右图所示的立轴横杆式摆擒纵机构在1800年之前就一直被应用于灯钟的设计中。垂直冠状齿轮内嵌有两个棘爪，它们控制着摆轮心轴的转动。当平衡摆向某个方向时，对应的棘爪就会脱离冠状齿轮，从而使重物下落，转动指针。平衡摆摆回，一个棘爪与冠状齿轮啮合，使重物不再下落。然后平衡摆摆向其他方向，使重物再次下落。

枪和火药

火药是中国人在 11 世纪发明的，是中国古代四大发明之一，为人类的文明做出了卓越的贡献。火药及其在火器上的应用改变了历史的进程，10 世纪以后，中国出现了多种火药兵器，13 世纪被传入阿拉伯和欧洲，并得到广泛应用。

大 事 记
约 1020 年 火药被发明
1044 年 火药第一次被文字记载
1100 年 焰火开始出现
1220 年 火药炸弹开始生产
1242 年 出现了关于火药的详细描述
1280 年 火药火炮诞生
1378 年 青铜火炮诞生
1543 年 铸铁火炮诞生

最早的文字记载出现于 1044 年，中国史学家曾公亮在他编写的《武经总要》中将其定名为火药。火药是木炭、硫黄和硝石（硝酸钾）的混合物，当它们以一定的比例混合时可以迅速地燃烧，其中 40% 的物质变成气体，剩下的固体物质转化为烟尘。灼热的气体会发生膨胀，如果将其限制在一个容器之内，爆炸就将伴着巨响发生。如果燃烧发生在一个一端开口的管子里，那么膨胀的灼热气体就会把弹丸推出管口，而这就是火炮及所有火器的工作原理。

随着火药的发展，焰火在 12 世纪的中国流行起来。1100 年的一部文献记载了其"如雷鸣般的声响"——尽管当时的焰火更常以鞭炮的形式出现。火药炸弹更加危险，约 1220 年，中国军队制造了一种外壳会在爆炸中裂开的炸弹，产生的霰弹片能够杀伤敌人。1292 年的日本木刻中描绘了炸弹爆炸的场景，表明当时火药已经在日本出现。1126 年，中国军队在开封保卫战中使用了手榴弹以及"火箭"。这种"火箭"是现代火箭的雏形，是把封装的火药放置在竹制的容器中制成的。封装的火药必须较松散，否则火箭就会爆炸。这些知识传播到了海外，1280 年，一位叙利亚作者阿－哈桑·阿冉姆哈在一本关于战争的著作中提及了硝石和火箭。

火炮最早出现在 13 世纪 80 年代，当时中国的军队使用了突火枪来发射石头杀伤敌人。到了大约 1300 年，阿拉伯工匠用

● 2 颗金属弹丸包裹着火药从一门 14 世纪的中国火炮炮口中伴着烈焰呼啸而出。弹丸在战场或其上空爆炸，喷发的致命霰弹可以覆盖很大一片区域。

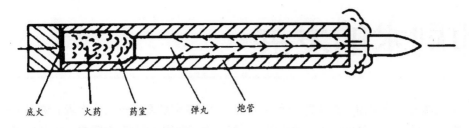

底火　火药　药室　弹丸　炮管

●枪、炮装药发射示意图

铁条箍在竹管外来制作火炮炮管。金属炮管是由熟铁条焊接起来，再用铁环箍住加以固定制成的，看上去很像木制炮管。1346 年，英国就使用了这种熟铁火炮在加莱的攻城战中攻击法国军队，一年后，欧洲的军械工人制成了发箭火炮。最早的一次成型的青铜质炮管铸件可以追溯到 1378 年的德国军械厂。青铜被选为铸造的材料——特别是铸造舰炮的材料——是因为没有铁那么容易锈蚀。铸铁一开始并没有用于铸造炮管，因为铸铁在铸造过程中常常会出现裂纹，从而导致爆炸，铸铁会爆裂成碎片，就像炸弹一般；而青铜火炮出现问题时一般只会裂开或断开，不会造成严重的后果。约 1495 年起，法国炮手开始使用铸铁来制作炮弹，而安全的铸铁炮管直到 1543 年才首先在英格兰被铸造出来。

早期的"小型火器"有许多名字，诸如明火枪、钩型枪或是火绳枪。它最初于 15 世纪中叶发明于西班牙，射手把枪管架在支架上，并从肩部将其点燃。射手将火药填料和弹丸塞入枪管中——它是从枪口装填的——并用火绳枪将装料点燃。火绳枪是一段燃芯，装在一根"S"形的杆上。这种武器精度差，有效射程仅为 200 米。在其后的 100 年内，火枪代替了火绳枪，而簧轮枪以及后来的燧发枪又代替了火枪。燧发枪更为可靠，而且可以在雨中发射。

要发射燧发枪，枪手首先要把火药填料从枪口倒入枪管中，接着是铅弹丸和毛毡填料，再用推弹杆把他们压实，以确保弹丸和装料就位。然后再倒入一些优质火药到枪机的火药池上，并把扳机向后扳以准备击发——扳机上有一块燧石。当扣动扳机时，燧石向前击发，撞击钢片，产生火花点燃火药池里的火药，继而引燃填料，这样弹药就从枪口被发射出去了。如果填料没有被引燃的话，就会只见火药池冒出火花却发不出子弹，后来这便成了英文中的俗语"昙花一现"。

火枪的枪膛是光滑的，后来逐渐被步枪所取代，后者的枪膛中有螺旋形的来复线，能使弹丸或子弹在出膛后旋转以保持飞行的稳定。枪械最后的发展是后膛枪和子弹的发明。手枪的发展也沿着同样的路线从前膛式装填发展到子弹的使用，而连发左轮枪的发明又是另一个进步。

印刷术的发展

印刷术起源于中国。在大约公元 9 世纪，中国的印刷匠在一大块木板上刻出纸币或书本每一页上的文字和图案，做成印版，然后进行印刷。到了 1045 年，中国发明家毕昇发明了用烘干的黏土制成的活字，它们可以重复用于印刷十几年。

印刷术是中国古代四大发明之一，包括雕版印刷和活字印刷。雕版印刷术的发明始于 7 世纪；活字版印刷术的发明始于宋代庆历年间（1041 年～1048 年），至元明清代发展成锡、木、铜、铅等各种活字印刷。毕昇首先发明胶泥活字印刷术，在世界印刷史上居于光荣的地位。

14 世纪 90 年代，朝鲜开始采用铸造金属的活字，1403 年，朝鲜国王太宗又下令改用青铜质活字。不过依然有许多印刷匠使用木刻版——把一整页的内容全刻到一块木板上。中国使用的汉语中共有上万个不同文字，1313 年，中国印刷匠王祯用超过 5 万个木活字印刷了《农书》。1438 年，传说荷兰印刷匠劳伦斯·科斯特（约 1370 ～1440 年）也开始在印刷中使用木活字。

15 世纪 40 年代，德国发明家约翰纳斯·古登堡再发明了金属活字，他集合了诸多奇思妙想，设计在铜模里用低熔融态的铅合金铸造活字，用一种特别的印刷油墨，还有最为重要的压印器，可以将纸压在有油墨的印版上，这种压印器采用的是之前人们只在榨取葡萄汁酿酒时用到的螺旋式挤压器。

大约在 1442 年，古登堡在法国城市斯特拉斯堡开办了第一家印刷出版机构，可 8 年后他又回到了自己的故乡——德国美因茨，创办了一家出版机构。1455 年，古登堡世界上最早用金属活字印制的书，是一本拉丁文圣经。因为书中拉丁文字按一页 42 行排版，人们有时又称其为"42 行圣经"。与同时期印制的其他出版物一样，古登堡圣经没有页码和标题，也没有标明出版者。第一本标有印制者姓名的出版物是于 1457 年由皮特·斯考菲出版的一本诗集，同时该书还首创使用双色印刷。大约在 1475 年（当时他已经经营起了自己的印刷厂），斯考菲开始用钢模取代铜模浇铸活字。

英国的威廉·卡克斯顿（约 1422 ～1491 年）将金属活字印刷术引进了英国。1474 年，卡克斯顿和佛兰德书法家曼森（当时他还身居比利时的布鲁日）一起出版了历史上第一本用英文印制的书，这本名为《特洛伊史回顾》的书是由卡克斯顿本人将法语原版翻译成英文后出版的。1476 年，卡克斯顿回到英国，并于 1 年后在伦敦创办了一家印刷出版机构，他的这家卡克斯顿出版社在以后的 15 年中共出版了 100 多部书，其中很多是译本，源自法国，由他本人完成大部分的翻译工作。

帆船的改进

　　最早的帆船出现在有文字记载之前，所以已无法考证是谁或在什么时候发明了它。但似乎可以肯定的是，在约公元前 3500 年的美索不达米亚和古埃及，帆船已经取代了平底驳船。

　　公元 6 世纪，中国多桅帆——舯板底部挂着方帆，顶部挂着三角帆，航行在国内众多的河流之中。在北欧，维京人在造船技术上领先。11 世纪，他们用来袭击欧洲，甚至可能远达北美的长船或者克诺尔（一种商船），都是同时靠桨和帆驱动的。

　　15 世纪之前，所有北欧的船都是用"叠接"法建造的（就是说它们的船身是用厚木板重叠搭接而成），它们有方帆，只要船顺风行驶，它就能为其提供足够多的动力。并且它们还有铰接式尾舵。地中海地区建造的船只则大不相同，它们都是平接船身（使用方切的木板），它们靠一对在船体两侧的桨形舵替代尾舵操控。它们已经抛弃了方帆而只采用三角帆。三角帆面积不及方帆，故而提供的动力不如后者，但它可以更有效地抢风航行（沿 Z 字形的路线），从而缩短船只在逆风航行时所需的路程。到了大约 1200 年，地中海地区开始建造双桅双帆船，即多桅快帆船，它虽比北方的叠接船快，却没那么结实。到了那时，两种风格的船都要比它之前的船只更高，而且还有被称为船楼的作战平台建造在船首和船尾。

　　大航海时代最终的船形无疑是大帆船——平接法打造的船身加上铰接式尾舵。它的船尾有一个巨大的船楼，主桅挂着一个方帆，而在船楼前方的后桅上挂着一个三角帆。后来船的前部又增加了第三根桅杆，悬挂的三角前帆最初是为了更方便地掌舵，但后来船越来越大，人们开始更多地关注起航速来。航速与船帆的面积直接相关，故而到了 15 世纪后叶，人们开始在主桅和前桅上悬挂附加的顶帆，有些船甚至在主桅的顶帆之上再悬挂第三面帆—上桅帆。16 世纪，第四根桅杆出现在了当时最大的帆船上。满帆的帆船是个危险的处所，帆的巨大面积提供的张力会使绳索结成一张蛛网。大帆船被大量用于探险和征战。到了 16 世纪，它们被建造得足够巨大和坚固，以搭载火炮并且承受火炮发射时巨大的后坐力。曾出现过的最先进的帆船之一是"玛丽·罗斯号"，这是一件艺术品级的战争机器，被亨利八世(1509～1547 年在位)授予"旗舰"的称号。它于 1545 年沉没。

　　西班牙大帆船是从大帆船发展而来的，它们有更长的船身，狭窄但平坦的船尾，船头渐细，延伸至船首像（装饰船头的雕像，如破浪神），船首像前面是一根向前探出的船首斜桅。这些改进使得船只更快、更平稳，而且不容易在侧风的突然袭击下偏离航向。

地理大发现

　　文艺复兴时期带来了艺术与科学的复苏，同时也见证了欧洲航海家的探险之旅。欧洲的航海家们不再局限于地中海狭小的海域，一方面，他们开始寻找穿越印度洋抵达东印度的新航路；另一方面，他们向西穿越大西洋去发现新大陆。

　　一直以来，欧洲与印度和中国往来的唯一途径就是陆上的"丝绸之路"——开路先锋是 13 世纪后叶的意大利旅行家马可·波罗。海上通道未开辟并不是由于人们缺乏好奇心或者胆量，而是受制于当时落后的技术——他们挂着方帆的船只不适合在风向多变的海洋里航行。阿拉伯人似乎有更好的办法，

大 事 记
1488 年 巴特罗缪·迪亚士航行绕过好望角
1492 年 哥伦布抵达美洲
1498 年 瓦斯科·达·伽马抵达印度
1519～1522 年 麦哲伦率船队完成环球之旅

他们的独桅帆或双桅三角帆船能够远航至非洲大陆的东岸。大约在 1445 年，葡萄牙的造船师制造出了一种多桅快帆船（最早的发明可追溯到 1200 年），这种船有 2～3 个桅杆，有一个方形帆及一系列三角帆。这种能抗风浪、易于操控的新型船使得远洋航行成为可能。

　　海外探险第一人是葡萄牙航海家巴特罗缪·迪亚士。1487 年，他率领一支小型船队从葡萄牙出发，沿着非洲西海岸向南航行。在风暴的推动下他的船队抵达了大陆最南端的尖角，并绕过尖角，于 1488 年在非洲东海岸登陆。迪亚士称这个尖角为"风暴角"，以纪念自己这段不寻常的经历，后来被葡萄牙国王多姆·乔奥（1460～1524 年）二世改名为"好望角"。1498 年，另一位航海家瓦斯科·达·伽马重复了迪亚士的这条航线，并在绕过好望角后继续北上到达东非沿岸，在穿越印度洋后最终在印度靠岸。达·伽马开辟了一条通向印度和亚洲的新路线，并最终到达了香料岛（摩鹿加群岛）。

　　在此期间，确切地说是 1492 年，一位来自热那亚的意大利航海家说服了西班牙国王和皇后，资助他去寻找一条向西穿越大西洋通往印度的新航线。这位航海家就是哥伦布。与哥伦布同

●这是一艘 14 世纪后叶的轻快小型帆船，与克里斯托弗·哥伦布的旗舰"圣·玛利亚号"属于同一类型。

●地理大发现大大促进了欧洲与美洲乃至世界各地的贸易往来。

样闻名于世的有 3 条航船——"圣·玛利亚号"、"尼娜号"以及"品塔号"，这些船与葡萄牙的船同属于多桅快帆船。但他到达的地方并不是预期中的亚洲，而是美洲东海岸附近的巴哈马群岛。在 1493 年哥伦布返航的时候，39 人留住在了那里，也就是现在的海地（当时哥伦布称之为伊斯帕尼奥拉岛）。此后他又进行过两次航海，一次是 1493 年～1495 年，船队共有 17 艘船 1500 名人；另一次是 1498～1500 年。他的第二次旅行到达了中美洲大陆，同时还发现了许多加勒比地区的小岛。第三次远航时，他先后抵达了特立尼达和南美大陆。在他的第四次也是最后一次航海中，他抵达了墨西哥湾。据说哥伦布常依靠恒星，结合德国天文学家雷纪奥蒙塔拉斯在 1474 年绘制的天文星座表判断航行方向。

当向东航行抵达印度成为可能时，人们产生了西行绕过美洲南部前往印度的设想。第一个尝试这个想法的人是另一位葡萄牙航海家费迪南德·麦哲伦，在西班牙国王的资助下，他率领由 265 名水手及 5 艘航船组成的探险队伍。在 1519 年秋季扬帆起航，穿过大西洋南部海域，并成功越过了南美洲南端那个多风暴与湍流的合恩角，为了纪念他，合恩角附近的海峡也被命名为麦哲伦海峡。在穿越太平洋时，船队遭遇了恶劣风暴天气，损失了 4 艘船只。麦哲伦在 1521 年登上菲律宾某小岛时被当地居民杀害。1522 年，船队仅剩下 1 艘船载着二十几名水手返回西班牙，但他们完成了人类历史上首次环球航行！

随后的一次环球航行发生在 1577～1580 年，英国探险家弗朗西斯·德雷克（公元 1540～1596 年）驾驶"金鹿号"完成了环球航行。他发动了对西班牙舰队的袭击，同时还援助在弗吉尼亚的殖民者。在一次前往西印度群岛的航行途中，弗朗西斯·德雷克死在了自己的船上。

哥白尼和日心说

"最终我们将把太阳置于宇宙的中心。所有这一切都是出于万事万物的次序以及整个宇宙的和谐，只要我们像一些人所说的那样，'睁开双眼'，我们就能面对这一事实。"——哥白尼《天体运行论》。

●尼古拉斯·哥白尼毕生致力于天文观测与研究，他坚信地球以及其他行星都围绕太阳运转。

大 事 记

公元前 3 世纪 阿利斯塔克提出日心说

1506 年 哥白尼开始撰写《天体运行论》

1514 年 哥白尼发表他的手稿《要释》

1539 年 哥白尼的学生赖蒂库斯发表《首次报告》，扼要介绍了哥白尼的《天体运行论》

1543 年 《天体运行论》出版

1473 年 2 月 19 日，哥白尼出生于波兰，1491 至 1494 年在克拉科夫（波兰城市）大学求学期间，他把自己的名字改成了拉丁化名——尼古拉斯·哥白尼——当时用拉丁语做研究的欧洲学者的惯例。哥白尼早期在克拉科夫大学和意大利博洛尼亚学习天文学、拉丁语、数学、地理、哲学、希腊语和教会法典，最后一项的学习使他被任命为德国佛洛堡教堂的牧师，在他的余生一直保留了这一职业，但他并未真正做过牧师。16 世纪早期，他被准予赴意大利帕多瓦大学学习医学，但天文学一直是他最大的兴趣所在。

那时期，欧洲大学所教授的天文学知识依然是基于古希腊哲学家亚里士多德和天文学家托勒密的观察和教条以及英国数学家约翰纳斯·德萨克罗博斯科的著作，而后者的《宇宙天体》（出版于 1240 年）在作者去世 400 年后依然是天文学方面的权威教材。他们都认为地球是宇宙的中心，而太阳、月亮和其他行星全都围绕着地球旋转。托勒密相信宇宙是完美的，因而所有天体必然是在圆形轨道上运行的。但事实上观测到的天体的运行轨道是椭圆形的，所以为了解释他的理论与实际观测值的偏差，他想出了"本轮"这个概念，即那些星体在围绕地球做大圆周运动的同时自身还在做着小圆周运动。尽管托勒密关于宇宙的理论存在着基础性的缺陷，但他还是基本完成了关于自己理论的数学证明。

然而哥白尼发现，如果接受地球围绕太阳运转的观点而不是其他什么方式的话，那么托勒密系统中固有的许多数学问题就将迎刃而解。更令人惊奇的是，教会并没有

● 这张夸张的太阳系星图是安德里亚·塞拉里乌斯于 1661 年绘制的。那时，哥白尼的观点已经广泛地被世人所接受。左图右下角的人物是哥白尼，而坐在左下角的是阿利斯塔克——古希腊天文学家，出生于萨摩斯岛，最先提出地球绕太阳运转的观点。

反对哥白尼研究天文学，相反，教皇里奥十世接受了他修订教历的建议，并最终导致了季节的重新划分。

　　1514 年，哥白尼开始分发一些小的手抄本，在其中他阐述了关于日心说的一些基本观点，即宇宙的中心不是地球，而是靠近太阳的一个点；宇宙无法想象的大；那些观测到的恒星旋转和太阳季节性的运动是由地球绕地轴与绕太阳的运动所引起的；我们自己所在行星的运动干扰了我们对其他行星运动的观测。这本书被称为《要释》，里面并没有包含详细的数学论证，哥白尼甚至没有将自己的名字署上。他把细节全留在了被他称为"大部头"的著作中，而这本书直到多年以后才面世。

　　哥白尼大约从 1506 年开始撰写他的巨著《天体运行论》，并且直到 1530 年才得以完成。但由于教会一直宣扬地球是上帝创造的中心的观点，出于对教会的深深顾虑，他迟迟不敢将他的著做出版，而且只允许他的手稿在少数几个志同道合的科学家中间传阅。

　　最终，哥白尼的学生赖蒂库斯说服哥白尼出版了《天体运行论》。事实上，赖蒂库斯于 1539 年发表的《首次报告》已为哥白尼的《天体运行论》的出版铺了道路，在其中他阐述了哥白尼的一些观点。哥白尼完成了手稿，由赖蒂库斯拿到纽伦堡印刷，并在一个叫作安德里斯·奥西安德尔的人的监督下出版。但是奥西安德尔是教会的人，他对太阳中心说的公开出版感到不满，所以他替换了哥白尼原版的前言，肯定了地球是静止不动的，而哥白尼原著中关于地球绕太阳运转的说法只是纯粹为了计算方便而作的假设。哥白尼几乎是不可能接受这种添改的，但他或许从没有机会读到过它——他的书在他临终之前才得以出版。赖蒂库斯，毫无疑问，对这一新观点的出版感到欣喜异常。

马铃薯与烟草

16 世纪，探险家们纷纷前往新大陆淘金。从某种意义上说他们的确找到了宝贝，只不过它们是人们不曾预料到的两种植物：马铃薯和烟草。

大 事 记
约公元前 8000 年 南美收获马铃薯
1492 年 克里斯托弗·哥伦布在巴哈马群岛得到烟叶
16 世纪初 吸食烟草在欧洲风靡
1537 年 欧洲人第一次见到马铃薯
1560 年 让·尼柯特描述了烟草的药用性质
1597 年 马铃薯植物征被详细记载
1610 年 弗朗西斯·培根观察发现烟草具有成瘾性
1845 ~ 1849 年 爱尔兰因马铃薯瘟疫爆发而遭受饥荒

南美的土著食用马铃薯至少有 1 万年的历史了。最早马铃薯很可能是从野外采集来的，但有考古证据表明印加人大约在 6000 年前就开始种植马铃薯，他们甚至培育出了各种耐霜冻的马铃薯新品种。

马铃薯是非常好的农作物之一，含丰富的碳水化合物，能够在低温、高海拔这样小麦、玉米等其他谷类无法适应的恶劣环境下生长良好。这种块茎易于储存，而且非常结实，可以长途运输而不受损坏。为了长期保存，印加人把冻干了的马铃薯压碎再磨成粉，这样就能贮藏好几年，在和水之后烘焙成别样的面包。

大约在 1537 年，西班牙的胡安·卡斯特拉诺斯成为看到马铃薯的第一个欧洲人。他惊奇地看到南美土著居民家中储藏着玉米、大豆和一种他称之为"块菌"的作物，这些所谓的"块菌"就是马铃薯。英国人约翰·杰拉德(1545 ~ 1612 年)在他 1597 年出版的《草本植物》中对马铃薯进行了更为详细的描述。

1563 年，马铃薯由英国航海家、后来的海军上将约翰·霍金斯(1532 ~ 1595 年)首次引进英国。但马铃薯的普及仍经历了一个相对漫长的过程。由于难看的外表和在地底生长的属性，马铃薯遭遇了欧洲人的猜疑甚至是厌恶，它被认为是一种肮脏、不圣洁和原始的食物，只有奴隶才吃，不配被端上"文明"的基督徒的餐桌。

爱尔兰是欧洲最早接受马铃薯的国家之一，马铃薯大约在 1600 年引进爱尔兰，可能也是约翰·霍金斯，或者是英国的探险家沃尔特（约 1554 ~ 1618 年）带来的。在爱尔兰温和潮湿的气候条件下，马铃薯长势很好，到了 17 世纪 60 年代，它已经成为一种较普遍的农作物，到了 19 世纪 80 年代初，爱尔兰很大一部分人口就几乎以马铃薯作为唯一的食物来源。1845 年，灾难降临了，由于马铃薯晚疫病菌的流行，全国范围内的马铃薯都感染上了马铃薯枯萎病。在接下来的 4 年内，有 100 多万人口死于饥荒，另外 100 万人口抱着对新大陆的憧憬离开了爱尔兰，但其中的大部分人死在了前往途中。

毫无疑问，爱尔兰人因为对马铃薯的过分依赖付出了生命的代价，但从人类发展的整体角度上看，马铃薯的推广仍具有积极意义。然而烟草就另当别论了。烟草植物的叶子中含有化学成分尼古丁，与咖啡因属于同一种有机化合物——生物碱。跟咖啡因一样，尼古丁也是一种兴奋剂。

南美的土著居民使用烟草叶至少有 2000 年的历史了，最开始他们咀嚼烟草，或者通过陶土、石头、藤条制成的烟斗抽烟，或把烟草束成小捆，用棕榈叶、玉米叶卷起来拿线扎紧后点燃吸食。英语中"雪茄"一词就是源自玛雅语中的抽烟"sik'ar"，而"烟草"源自"tobago"，是一种烟斗，同时也是加勒比海岛的别称。

1492 年，意大利探险家哥伦布抵达巴哈马群岛，当地土著居民阿拉瓦人（南美洲的一支印第安人）就馈赠他水果、长矛以及一捆干烟叶作为礼物。赠送水果和长矛蕴意了然，可为什么馈赠烟草始终是个谜，哥伦布把它们扔了。几个星期后，西班牙探险家罗德里格·赫雷斯和路易·托雷斯看到古巴的土著居民点燃一捆叶子后借助 Y 字形的藤管往鼻孔中吸入叶子焚烧产生的烟雾，于是赫雷斯自己也开始尝试吸烟，然而这一行为在他回到西班牙后却惹来了麻烦：当看到烟雾袅绕在赫雷斯的嘴巴和鼻孔周围，当权者们认定他已经与魔鬼结盟，赫雷斯为此在监狱里蹲了 7 年。而在这期间，吸烟的行为在西班牙变得寻常。

早在 1531 年，欧洲人就开始在南美种植烟草，因其外表而得名"黄色莨菪"，并于 1554 年出现在佛兰德自然史学家兰伯特·多登斯(1517～1585 年)的著作中。在 16 世纪 50～70 年代，烟草进入了欧洲大部分地区。到了 16 世纪末，南美及北美东部地区广泛种植烟草，而烟叶有时也被认为是一种能治百病的神奇药物，被推荐用于治疗牙痛、呼吸不畅、破伤风，甚至癌症。1560 年，前往葡萄牙的法国大使让·尼柯特(1530～1600 年)著述了烟草的药物特性。人们为了纪念他做出的巨大贡献，以他的名字命名了烟草的学名"Nicotian"，这同样也是尼古丁的由来。

人们很早就注意到烟草具有上瘾性，1610 年，英国哲学家弗朗西斯·培根就评论过这一特性。早在 17 世纪就已经涌现了许多抵制烟草的行为：许多地区都禁止在公共场合吸烟。

●美洲土著视烟草如珍宝，把它作为礼物馈赠给到访的客人。欧洲最早的探险家们将烟草带回了本土，当时人们对它十分好奇，并且心存疑虑。然而很快这种情况就得到改变，到 16 世纪，烟斗和雪茄遍及整个欧洲。

哈维发现血液循环的机理

哈维的主要贡献是正确地解释了血液循环系统。尽管他受到宗教界、学术界的攻击和非议，但他无所畏惧、从不退缩。科学的发展证明了哈维的理论的正确性，他敢于追求真理的精神也为世人所敬仰。

●威廉·哈维像
英国生理学家、胚胎学家、医生，首次发现血液是以循环的方式在血管系统中不断流动。

血液是怎样流动的？自古以来，人们就在寻找这个问题的答案。在 17 世纪以前，由古希腊人盖伦提出的血液运动理论由于充满神秘色彩并满足了教会的需要而一直统治着医学界，被教会视为不可动摇的经典理论。但真正的血液循环理论是由 17 世纪英国医生哈维提出的。

1578 年，哈维出生在英国肯特郡福克斯通一个富裕的家庭里。1579 年，哈维大学毕业后，来到意大利帕多瓦大学刻苦钻研医学。

哈维不断观察和研究各种动物，他做了无数次活体解剖，逐渐发现盖伦的血液运动理论漏洞百出，与解剖学事实相距甚远。他发现，血流是从心脏里经动脉流出来的，然后又经过静脉流回心脏，始终保持同一方向，周而复始地循环着，这种血液的循环带来大量的氧和营养素帮助人体完成新陈代谢。哈维的重大发现，解答了千百年来的血液循环之谜。

其实在哈维之前，许多医生都进行过此类的探讨。比利时解剖学家维萨里曾试图修正盖伦的理论

●人体血液示意图

血管壁

白血球

血浆

红血球　　血小板

而被流放到耶路撒冷；西班牙医生塞尔维特也因批判盖伦的理论而被教会处以大刑，惨死日内瓦。哈维也是真理探索者的一员，教会的黑暗势力并没有使他退缩。

1616 年，哈维在圣巴多罗买医院作了一次医学演讲，第一次系统性地向世人公布了与盖伦血液运动学说截然不同的"心脏水泵"说，把人的心脏比喻成一个水泵，是这个"水泵"的搏动引起了血液的循环运动。

哈维的演说让世人震惊不已，有人支持，也有人反对，有人甚至警告哈维可能会遭到宗教裁判所的处罚。哈维并没有退缩，他又进行反复大量的研究，更坚信自己的发现是正确的。

1628 年，哈维的专著《动物心血运动的解剖研究》在法兰克福出版。它凝聚着哈维 20 多年的心血和坚强不屈的斗争精神。出版商菲茨被哈维执着探索的精神所感染，承担了该书的一切费用。该书是世界科学史上的重要著作之一，书中阐述了血液循环的基本规律，提出了完整的血液循环运动理论，开创了近代活体解剖的实验法，还把运动生理学和人体生理学确立为科学。这本书的正式出版宣告了盖伦理论的破产。

1657 年 6 月，哈维在伦敦悄然辞世。他的学说对学术界产生了巨大的影响，至今人们还在沿用哈维的这种理论。哈维敢于冲破不可侵犯的传统的束缚创立新的科学理论，他追求真理的精神和无所畏惧的革命精神一直让世人敬仰。

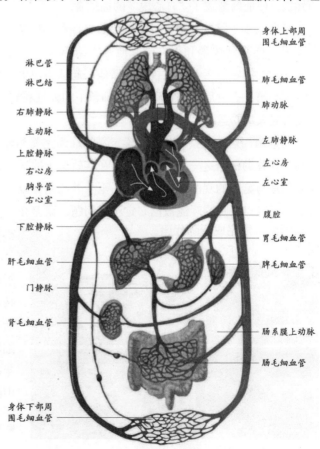

身体上部周围毛细血管
肺毛细血管
肺动脉
左肺静脉
左心房
左心室
膈腔
胃毛细血管
脾毛细血管
肠系膜上动脉
肠毛细血管

淋巴管
淋巴结
右肺静脉
主动脉
上腔静脉
右心房
胸导管
右心室
下腔静脉
肝毛细血管
门静脉
肾毛细血管
身体下部周围毛细血管

● 人体血液循环示意图

血液在由心脏和全部血管组成的封闭管道中，按一定方向周而复始地流动，叫作血液循环。血液在一次完整的循环过程中要流经心脏2次，可分为体循环和肺循环2部分。血液循环的主要功能是不断地将氧气、营养物质和激素等运送到全身各个组织器官，并将器官组织呼吸作用产生的二氧化碳和其他代谢产物送到排泄器官排出体外，以保证生理活动正常进行。

开普勒探究天体运行的规律

最初人们认为地球是宇宙的中心，日月星辰都是围绕着地球运转的。16 世纪哥白尼提出的"日心说"标志着在人类探究天体运行规律的道路上迈出了革命性的一步。然而受当时欧洲流行的哲学思想的影响，哥白尼认为行星是沿着圆形轨道围绕太阳运动的。半个世纪之后，德国天文学家开普勒才对哥白尼学说的这一错误观点进行了纠正。

1571 年开普勒生于威尔，威尔是德国南部的一个小镇。中学毕业后，开普勒进入了蒂宾根学院。在那里，他接受了一位名叫麦斯特林的教授的观点。麦斯特林是一个秘密的哥白尼主义者，他时常为开普勒详细讲述行星绕太阳运行方面的知识，使他渐渐成了"日心说"的拥护者。

从蒂宾根学院毕业后，开普勒移居奥地利的格拉茨城，在那里，他教授数学和天文学。他曾寄给第谷一本自己写的天文书，第谷看后非常重视，邀请他一起从事研究工作。1601 年，第谷去世后，开普勒利用老师留下的大量观测资料，继续研究火星的运动。

●开普勒像

匀速圆周运动是按照传统哲学定义的最为完美和理想的运动。开普勒根据这一点来计算火星在其轨道上的运动位置，经过多次反复计算，其结果总是与第谷的观测结果不一致，至少差八角分以上。开普勒深知第谷一丝不苟的态度，所以，老师的观测数据必定没有问题，误差在于自己的计算方式和过程，他决心找出误差产生的真正原因。

开普勒坚持不懈地潜心分析研究，终于觉察到火星并不是按圆形轨道运行的，这与哥白尼所持的观点相矛盾。他耐心、仔细地研究了火星在天球上年复一年的运动，终于发现了自己计算中的错误。原来，行星在太阳附

● 18 世纪初的印度天文台

近空间里运行的轨道是椭圆形而非圆形，事实上，圆形也只是椭圆形的一个特例。太阳实际上位于椭圆即行星运行轨道的一个焦点上，所以行星在绕太阳作椭圆形运动的轨迹中，存在着离太阳近时的远焦点和离太阳远时的近焦点。这一重要发现是由开普勒首先提出来的，这也是他研究火星的第一个重要发现。后来人们用"开普勒行星运动第一定律"这个名称来称呼开普勒的这个重要发现。

●19世纪关于天体运行的仪器——天球

开普勒受到新发现的巨大鼓舞，开始编制火星运行表，但火星的运行总是和他设计的表格有偏差。经过大约一年的辛勤分析研究工作，他发现了自己计算方法上存在着不可忽略的错误。开普勒最初以为火星的运行是均匀的，因而造成了运算上的错误。而实际上火星运行是不均匀的。火星的速度随其离太阳距离的远近而发生变化，离太阳近时，运行的速度就快，而随着它在轨道上离太阳越来越远时，其运行速度便随之减慢。

行星沿椭圆轨道运行的速度受行星与太阳之间的距离远近的影响，并随之发生变化。行星和太阳的连线是行星的向径，它在相等的时间内扫过相等的面积。行星运动的速度通过这一规律得到了说明，这就是著名的"运动第二定律"。此后不久，根据这一发现，开普勒完成了行星运行表的编制工作，工作进行得顺利而迅速。

开普勒于1609年出版了他的《火星之论述》，紧接着，他又对行星公转周期与行星到太阳距离的关系进行了探索。结果发现，离太阳最近的水星，88天绕太阳一周；离太阳远一些的金星公转一周所用的时间则长一些；而离太阳更远的火星的一年比地球的一年还约长一倍。根据这些发现，开普勒在1619年出版了《宇宙和谐论》一书，并在书中发表了行星运动的第三定律。这一定律的发现和应用，完全改变了当时天文计算的方式和过程，并沿用至今。

●第谷·布拉赫的天文台
作为开普勒的老师，第谷是望远镜发明以前最伟大的天文学家。他在丹麦国王腓特烈二世所赐予的文岛上建立天文台，以精确地观察星际，所用观察工具是金属六分仪和四分仪。

伽利略发明天文望远镜

　　自古以来，人们便喜欢仰望浩渺的苍穹。中国及其他古老民族还曾记载他们看到了太阳上的黑斑——太阳黑子。但这样来观天毕竟有很大的局限性。直到伽利略发明人类历史上第一架天文望远镜，才结束了人类用肉眼观天的历史。

　　荷兰眼镜匠李普希有一次在配制眼镜片的时候，偶然间把两个眼镜片排开一段距离，然后透过它们观察远处的物体，这时他惊奇地发现远处的物体被拉近，放大了。这一发现立即引起了很多人的兴趣，并迅速在欧洲传开。

　　伽利略是意大利的一位物理学家、数学家和天文学家。李普希的发现立即引起了伽利略浓厚的兴趣。于是，他马上着手制造这种仪器。1609年，世界上第一架天文望远镜诞生了。

　　这种由伽利略制造的折射望远镜的物镜口径只有4.4厘米。镜筒前头那块玻璃透镜被称为物镜，当来自天体的光线射到物镜上时，光线会被折射并被透镜集中于一个点上，这个点就是焦点。该天体的像在那里形成。在镜筒的另一端的透镜口径较小，被称为目镜。天体的像在目镜中被放大，以供观测者观察，物镜和焦点之间的距离称为焦距。一般说来，望远镜的放大倍数是望远镜的物镜的焦距与目镜的焦距之比。

　　伽利略首先用望远镜观测月亮，结果发现月亮并不像人们常说的那样。事实上，月球是一个崎岖多山的星球，而不是我们肉眼所见的光滑无瑕的外形。通过望远镜，伽利略还看到了处于低洼区域的灰色平原，尽管伽利略不相信那里有水，但后来，这些灰色平原还是被称为"海"。

　　伽利略还特别注意到，与行星相比较，恒星在望远镜里只是一个光点，而不呈现出明显的圆面，不管怎样放大，这些恒星在望远镜中仍然是一个微小的光点。造成这种现象的原因是所有的恒星都距离我们非常遥远。

　　伽利略于1610年经过长达几个星期的观测，断定木星有4颗如同环绕地球运行的月亮一样的卫星。到目前为止，人们共发现了18颗木星卫星。人们至今仍把伽利略发现的那4颗木星卫星称为"伽利略卫星"，以此来纪念伽利略的伟大发现。

　　伽利略以前就支持哥白尼的"日心说"，发现木星卫星后，他比以前更加相信哥白尼的学说了。特别是当他发现金星也有圆缺变化时，他进一步确信"日心说"是正确的。事实上，这种圆缺变化被称为金星的相位。因此，他坚持认为托勒密的学说是错误的。

　　伽利略的这些发明都是借助天文望远镜观测星空而得来的结果，他的这一发明让人类具备了"千里眼"，从而开启了天文学上的新纪元。

摆钟的发明与改进

由下坠重物驱动的金属钟起源于 14 世纪，但这些金属钟表计时不准确。此时的机械钟急需解决的是找到精确调校机制，直至 17 世纪首个实用型钟摆诞生，这一问题才宣告解决。

1582 年，意大利科学家伽利略（1564 ～ 1642 年）演示了钟摆总是以一个恒定的速率摆动的，他还证明了摆动速率仅与钟摆的长度有关，而与钟摆末端重物的质量无关。用数学术语表达，就是钟摆每摆动一次所需时间同钟摆长度的平方根成正比。长度为 0.99 米的钟摆其摆动周期（前后摆动一次）恰好为 1 秒。因此，如果能够使该长度的钟摆始终维持来回摆动，那么就可用此来标定时间。

1641 年，也就是伽利略去世的前一年，他萌生了利用钟摆来制造时钟的想法，然而，直到 1657 年，第一台摆钟才出现，它由荷兰科学家克里斯蒂安·惠更斯于 1656 年设计，由钟表匠所罗门·考斯特在海牙制造完成。该摆钟一天的走时误差仅为 5 分钟，其精确度远远高于之前的任何时钟。

时钟的钟摆采用金属棒代替绳索，但是由于热胀冷缩，金属棒长度并不能始终保持恒定，但钟摆长度对时钟精度却是至关重要的。例如，钟摆周期为 1 秒的时钟，其钟摆长度仅增加 0.025 毫米就能导致该时钟在一天内的走时误差达到 1 秒，而温度升高 2℃就能使钢质棒增长 0.025 毫米。

为了解决这一问题，发明家采用了各种方法，以使钟摆长度保持恒定。1722 年，英国发明家乔治·格拉汉姆（1673 ～ 1751 年）设计了水银钟摆（直至 1726 年才公之于世），在该设计中依旧采用金属棒为钟摆，但是金属棒末端的重物却是装满了水银的玻璃瓶，当温度升高时，钟摆长度增加，其重心随之下降，但水银柱却由于膨胀而上升，这一升一降则抵消了温度升高所带来的影响。另一个解决方案是由英国钟表匠约翰·哈里森（1693 ～ 1776 年）于 1728 年发明的栅格钟摆，这一设计包含了黄铜棒与钢棒组成的栅格，黄铜受热时产生的膨胀比钢要大很多，因此黄铜的膨胀与钢的膨胀相抵，也能够有效地保持钟摆长度恒定。由铁、锌组成的同心管钟摆也能达到同样的效果。今日，钟摆均由不胀钢制造，这一材料为铁镍合金，遇热时，其膨胀量极其微小。因此不胀钢也常被用来制造对恒定尺寸要求非常高的物品，如测量用钢尺、音叉等。

你想过落地式大摆钟（又称作"落地长钟"）为什么那么高吗？因为它的钟摆必须为 0.99 米长，摆动周期才为 1 秒，这在同一类的钟内很常见，它们周而复始，每秒钟都会发出清脆的"嘀嗒"声。

气压计与真空

我们知道大气也具有重量，而由于大气重量产生的大气压则作用于地球表面所有的物体上。不过，这一观点并不是一开始就被人们接受的。17世纪40年代，一位意大利科学家开始测量大气压。在这一过程中，他证实了真空的存在，并发明了气压计。

伊万格列斯塔·托里切利（1608～1647年）是意大利著名物理学家、数学家。1641年，托里切利以助手的身份协助年迈的伽利略（1564～1642年）进行科学研究，而后者则一直认为真空不可能存在。1645年，在其助手温琴佐·维维安尼（1622～1703年）的协助下，托里切利将一根2米高的玻璃管末端封闭，并用水银灌满该玻璃管。之后，使用拇指压紧开口端，使其也处于密闭状态，继而将该玻璃管倒置入装满水银的玻璃盘中，最后移开拇指。此时，一些水银从玻璃管中流入水银盘中，水银柱的高度最终降至76厘米，但是又是什么原因导致这些水银无法全部流出呢？

托里切利推导出：作用在玻璃盘水银面上的大气压与玻璃管中剩余水银的重量相等，因此管中水银柱的高度可作为大气压的测量标准。这一设计即为气压计。同时，托里切利也注意到，玻璃管中水银柱的高度随每日天气的变化而稍微变化，由此推断，大气压必然每时每刻都处于变化之中。1647年，法国数学家莱恩·笛卡儿（1596～1650年）在托里切利发明的气压计管壁上添加垂直刻度，用其记录气象观测值。时至今日，在气象预报中，大气压仍是极为重要的参考因素之一，并且常常使用毫米汞柱为单位来表示，标准大气压为760毫米汞柱。

大气压随着海拔的变化而变化，山顶的大气压比山脚低很多，而高空飞行的喷气式飞机所处高度的大气压接近零。1771年（距托里切利去世相隔了约1个世纪），瑞士地质学家简·德吕克（1727～1817年）开始使

●伊万格列斯塔·托里切利在其一系列气体压力实验中首次制造出真空。这一发现也使得水银气压计得以问世，同时也首次证实了真空状态确实存在。

大事记	
1645年	发明水银气压计
1654年	古埃瑞克做马德堡半球实验
1703年	发明豪克斯比真空泵
1771年	气压计用做高度仪
1855年	发明盖斯勒真空泵
1865年	发明施普伦格汞气泵

用灵敏气压计测量山脉高度。现代的飞机上使用的高度测量计也是由气压计改进而来的，不过已不是水银类气压计了。

托里切利所设计的气压计不利于携带，而简·德吕克带上山的气压计也不轻便。1797 年，法国科学家尼古拉斯·福廷（1750～1831 年）发明了轻便水银气压计。该气压计使用皮制口袋作为水银储蓄池，使用时，旋动一个螺旋钮，口袋会被稍稍挤压，使得水银面与一个指针所指的水平线恰好在同一位置上。待一切平稳后，再转动大气压力计上部的调节游标螺旋，使其升高至比水银面稍高后慢慢落下，直到游标底部同游标后部金属片的底部同时与水银柱凸面顶端相切后，即可从游标上读出刻度，精确测量大气压力。

再次回到托里切利的实验，试管中水银液面以上的空间中到底存在着什么？答案是：什么都没有。事实上，这一空间即为真空。科学家们随后开始研究真空的性质及其效应，不过，首先需要一种能够在实验室中制造出真空的方法。1654 年德国马德堡市市长、物理学家奥托·冯·古埃瑞克发明了抽气泵，之所以这样称呼，是因为它是被用来从容器中抽去空气的，时至今日，我们又称之为真空泵。当时，古埃瑞克便用真空泵将一对紧闭的铜质半球中的空气抽光，使其处于真空状态。由于大气压，这两个铜质半球紧紧地连在一起，以至于 16 匹马也无法将它们分开。这一实验即为著名的"马德堡半球实验"。

随着时间的推移，更多的高效真空泵被一一发明，而科学家们也逐渐开始利用真空泵做相关的实验。格利克真空泵发明后不久，罗伯特·玻意耳（1627～1691 年）便开始在其实验中利用真空泵研究空气与其他气体的性质。1703 年，英国物理学家弗朗西斯·豪克斯比（约 1666～1713 年）发明改良真空泵。1855 年，德国物理学家海因里希·盖斯勒（1815～1906 年）使用自己发明的真空泵研究低压状态下的放电现象。10 年后，英籍德裔科学家赫尔曼·施普伦格（1834～1906 年）在盖斯勒真空泵的基础上再次进行改进，使其成为自动真空泵，并且能够产生更高气压的真空状态（因为一般的真空泵不能将空间中气体完完全全地抽走，总会留下少许气体分子）。今日，施普伦格真空泵仍较为常用，这是一种汞气泵，又称"扩散泵"，其工作原理为，汞气体能够"捕获"空气分子，并将其带离所在空间，并由此产生真空。该仪器在科学研究中发挥了极大的作用，之后，科学家们利用施普伦格真空泵做出了一系列重大发现，例如发现电子，发现大气中的"稀有气体"，以及发明电灯泡等。

●著名的马德堡球是由两个铜质半球组成的，将该铜质半球中的空气被抽出，人为地制造出真空，外部大气压使得两个半球紧紧地吸在一起，甚至 16 匹强壮的马（两边各有 8 匹马朝相反方向拉）也无法将其分开。

苹果落地带来的灵感——万有引力定律

1642 年 12 月 25 日清晨，艾萨克·牛顿诞生于英国北部林肯郡一个名叫乌尔斯索普的村庄里。从小，牛顿就非常注意观察周围的事物，尤其爱好数学，并且他还经常动手制作各种机械玩具。

● 《自然哲学的数学原理》一书被评为科学史上最伟大的著作，在这本书中，牛顿为以后 300 年的力学研究打下了基础。

勤奋好学的牛顿在 19 岁时以优异的成绩考入了著名的剑桥大学三一学院。学校的教学设备十分优良，图书资料丰富，学术气氛浓厚以及许多老师都享有盛誉，使牛顿获益匪浅。大学期间，他刻苦学习，悉心钻研数学、光学和天文学，这为他将来在物理学领域取得举世瞩目的成就奠定了坚实的基础。

1665 年，刚从剑桥大学毕业的牛顿被留在学校的研究室工作，开始了他的科研生涯。此后不久，为了避免一场传染病，牛顿回到了家乡——林肯郡乌尔斯索普。有一次，牛顿正在苹果树下专心思考地球引力的问题，忽然一只苹果从树上落下来，恰好打中牛顿的脑袋，然后滚进了草地上的一个小坑里。苹果落地这一十分平常的现象引起了他的沉思，他不由地苦苦思索：为什么苹果不会向上飞去而往下掉呢？如果说苹果有重量，那么重量又是怎样产生的呢？他想，地球上大概有某种力量，能把一切东西都吸向它。每一件物体的重量，也许就是受地球引力作用的表现。这说明地球和苹果之间互有引力，而整个宇宙空间都可能存在这种引力。他又将想象由一只苹果的落地转移到星体的运行。

牛顿深入地思索着：如果地

● 牛顿是 17 世纪最伟大的自然科学家，现代科学的奠基人。在物理、天文、教学等领域都做出了卓越的贡献。

●在编制航天飞机航行的程序时，总少不了用到牛顿的万有引力理论。

球的引力没有受到阻止，那么月亮是否也受到地球的吸引力呢？月亮总是按照一定的轨道绕地球旋转，不正是地球对它有吸引作用的结果吗？他又进一步推测：太阳对各个行星必定也有吸引作用，才使得各个行星围绕着太阳运转。

在探索苹果落地之谜后，牛顿得出结论："宇宙的定律就是质量与质量间的相互吸引。"从恒星到恒星，从行星到行星，这种相互吸引的交互作用遍及无边的空间，使宇宙间的每一事物都在既定的时间，依照它的既定的轨道，向着既定的位置运动。牛顿把这种作用力称之为"万有引力"。

牛顿从 1665 年起，就开始用严密的数学手段来进一步研究物体运动的规律和理论。从力学的角度分析，牛顿认为：开普勒所提出的行星运动的三个定律都是万有引力作用的结果。于是，牛顿从这些定律入手，通过一系列的数学推论，用微积分证明：开普勒第一定律表明，吸引力是太阳作用于某一行星的力，它与行星到太阳中心的距离的平方成反比；开普勒第二定律表明，作用于行星的力是沿着行星和太阳的连线方向，这个力只能起源于太阳；开普勒第三定律表明，太阳对于不同行星的吸引力都遵循平方反比关系。然后，牛顿从对天体运动的分析中，得出了普遍的万有引力定律。

●世界各国为纪念牛顿发现万有引力定律而发行的邮票

61

改变世界的望远镜

最早的透镜主要被用做放大镜，它们是凸透镜，即两面向外凸出的透镜，可以产生近处物体放大的像。但是科学家与天文学家需要有远处物体放大的像，而望远镜则恰好满足了这一需求。

荷兰籍德裔眼镜制造商汉斯·李伯希（约 1570～1619 年）于 1608 年制造了首架望远镜，之后将这一发明卖给荷兰政府——用于军事。但是因为他人也宣称是望远镜的发明者，所以荷兰政府并未授予李伯希望远镜的专利权。李伯希发明望远镜的消息传到意大利科学家伽利略的耳中，他也立刻自制了一台望远镜用来观测星空，伽利略利用它发现了太阳黑子、月球陨石坑、4 颗木星的卫星等。

另一位同时代的天文学家——德国人约翰尼斯·开普勒（1571～1630 年）正确揭示了这类望远镜的工作原理：物体光线经过凸透镜后产生放大的虚像，继而由凹透镜将其聚焦，从而达到放大远处物体的效果。同时开普勒建议使用两个凸透镜，以获得更大的放大倍数。1611 年德国天文学家克里斯托弗·施内尔（1575～1650 年）采纳了开普勒的设计，制造出放大倍率更高的天文望远镜。由于两个凸透镜的存在，使得该望远镜的成像为上下颠倒的，因而在此后几个世纪里，月球表面图中的"北极"总是显示在月球的底部。

当时的望远镜透镜存在诸多缺点，比如"色差"，它使图像边缘镶上了各种色彩，严重影响了观察精度。1655 年，荷兰科学家克里斯蒂安·惠更斯（1629～1695 年）发现经过抛光与打磨等工序后的透镜能在一定程度上减弱色差。使用此类改进型天文望远镜，他首次观测到了土星环。

直到 1758 年，英国眼镜与天文仪器制造商约翰·多朗德（1706～1761 年）发明消色差天文望远镜，才最终解决了色差问题。他重新发现了 1733 年由英国业余天文爱好者切斯特·霍尔首次

●上图为牛顿式反射望远镜。1663 年，苏格兰数学家詹姆斯·格里高利设计首架反射式天文望远镜。1668 年，牛顿根据自己的设计，建造了区别于格里高利的反射式天文望远镜，该望远镜具有目镜结构，内含一块直径 3.3 厘米的反射镜，能够将物体放大 40 倍。

使用过的制作消色差透镜的方法，这种至今仍在使用的方法包括了拥有两个分离部件结合在一起的一组复合透镜。复合透镜的第二个部件由冕玻璃制成，能够修正由第一个部件（由燧石玻璃制成）引起的色差。其工作原理是这两类玻璃以不同的方式轻微地弯曲光线。

另一种避免出现色差的方法就是使用微曲率长焦距（从主镜或物镜到焦点的长度）透镜，但使用这一方法制造的望远镜很大，常常超过 10 米。1650 年，波兰业余天文爱好者约翰纳斯·赫维留斯（1611～1687 年）建造了一台长达 45 米的望远镜，又称高空望远镜，这类望远镜有一个大型支架系统，在观测时，则利用滑轮与绳索系统移动镜筒，观测目标。

由于平面镜不会引起色差，因此使用拥有平面镜而不是透镜的反射式天文望远镜观测天体能够获得更好的成像效果。1663 年，苏格兰数学家、发明家詹姆斯·格里高利（1638～1675 年）在设计望远镜时意识到这一特点，于是他使用一块小的曲面副镜将光线反射回去，穿过主镜中的一个孔进入一块目镜。

后来，英国科学家罗伯特·胡克（1635～1703 年）改进了这一设计，而另一些类似的反射式望远镜则分别由牛顿于 1668 年以及由法国牧师劳伦·卡塞格伦（1629～1693 年）于 1672 年设计建造。当时的卡塞格伦式反射式望远镜设计仍存在缺陷，直至 1740 年才由苏格兰光学仪器制造商詹姆士·肖特（1710～1768 年）最终完善。1857 年，法国物理学家里昂·傅科特（1819～1868 年）采用镀银玻璃以制造曲面反射镜，这一设计不但制作工艺简单，而且如果意外破损，还可再次镀银，极大地改进了望远镜的制造工艺。与制造大型透镜相比，制造大型反射镜容易得多，因此，天文望远镜也开始变得越来越庞大，同时性能也越来越优良。

当今，世界上最大的折射式天文望远镜坐落于美国芝加哥附近的耶基斯天文台，该天文望远镜的透镜直径达 1 米，于 1897 年建造完成。而建于 1948 年的大型黑尔式反射式望远镜则位于美国加利福尼亚州西南部帕洛马山山顶，该望远镜的反射镜直径达 5 米。由于工艺上的原因，更为大型的天文望远镜不再采用单一反射镜的结构，取而代之的是由一系列较小的六边形镜片组成蜂窝状反射镜组结构，同时采用电脑控制，调整该镜片组镜片位置达到最好的反射与聚焦效果。位于美国夏威夷群岛的凯克天文台拥有两台世界上最大的反射式天文望远镜，它们各自由 36 块直径 10 米的六边形反射镜组成。

●图中为 1789 年由英籍德裔天文学家威廉·赫歇尔（1738～1822 年）设计建造的巨型望远镜。该望远镜的焦距超过 12 米。

光的性质

　　早期的科学家通过不断地研究逐步揭示了光的各种特点：光是如何被透镜折射的？光是如何投下阴影的？光的传播速度有多快？然而对于自然光本身的了解则是理解以上所有光学特性的基础。尤其是：光是由微小的粒子流——像机枪射出的子弹那样——组成的，还是由波纹——像涟漪一般穿过无限的真空——组成的？

　　我们可以明显地看到平行光线经过透镜后汇聚于一点，而集中的光线可以使得焦点处温度陡然升高，从而使得放大镜成为"取火镜"。放大镜的这一用途在古希腊时代便为人们所知晓。据说公元前212年，希腊科学家阿基米德使用取火镜击退来犯的罗马战船，保卫锡拉库扎。但是在这种情况下光线的光路是如何改变的？在其偏转的角度之间又存在着什么性质？这些问题一直没人能够解答，直到1621年荷兰数学家威尔布罗德·斯奈尔（1580～1626年）成为首位研究并测量

大 事 记
1621 年 斯奈尔定律（光的折射定律）
1640 年 费马原理
1665 年 胡克提出光的波理论
1675 年 牛顿提出光的粒子理论
1676 年 罗默测定光速
1801 年 托马斯·扬发现光的干涉现象
1900 年 普朗克提出量子理论
1924 年 证明波粒二象性

光线偏转角度的科学家。他发现光线由空气进入玻璃中时，入射角（光线进入玻璃时的角度）与折射角（光线被扭曲偏转后的角度）的关系同玻璃的属性有关，称之为"折射率"。

　　另一位数学家、法国人皮埃尔·德·费马（1601～1665年）揭示光能投影的原理。1640年，费马指出由于光沿直线传播，因此不可能"绕过障碍物"照亮阴影，这就是"费马原理"。同时，费马也观察到光线在较为稠密的介质中传播速度较慢。

　　1676年，丹麦天文学家奥列·罗默（1644～1710年）首次尝试测定光速。他重新核对了意大利天文学家乔瓦尼·卡西尼（1625～1712年）观察记录中关于木星卫星发生"星食"（当卫

●艾萨克·牛顿是最早对光进行科学研究的人之一，他坚信光是由微小粒子组成，并以极大的速度运动。

星运动到木星背面看不到时所发生的现象）的时间记载，发现当地球朝木星方向运行时所观测到的"星食"发生的时间比当地球向远离木星方向运动时所观测到的时间要提前很多。罗默因此意识到光一定传播了某段距离，因而光速是有限的，由此入手，他开始计算时间差并测量光速。罗默的计算值为 225 000 千米／秒，大约是光速实际值的约 75%。大约 200 年后，法国物理学家阿曼德·菲索（1819～1896 年）设计出更为精确的测量光速的方法，并测得光速值为 315 000 千米／秒，比光速实际值大了约 5%。随后，美国物理学家阿尔伯特·迈克逊（1852～1931 年）于 1882 年改进了菲索的方法，重新测量光速为 299 853 千米／秒。当今采用的标准光速值为 299 793 千米／秒。

1675 年，英国科学家牛顿（1642～1727 年）认为光是以微小粒子流的方式传播的，因此提出了光的"粒子"理论。数年间，多位科学家均不同程度地质疑过这一理论，而罗伯特·胡克（1635～1703 年）于 1665 年提出的光的"波"理论就直接挑战着"粒子"理论。胡克根据光线被玻璃折射的现象以及光在密度较大的介质中传播速度较慢的现象等，推断光必然以波的形式传播。1801 年，英国物理学家托马斯·扬（1773～1829 年）发现光的干涉现象，这对"粒子"理论是最致命的一击。干涉现象即为白光透过狭缝时，被分成由各种色彩组成的虹，而在当时，只有"波"理论能够解释这一现象。1804，托马斯·扬将这一成果发表。

但是"粒子"理论与"波"理论的争论仍未停止，直至 20 世纪初德国物理学家马克思·普朗克（1858～1947 年）提出量子理论之后，才最终将这场争论画上句号。量子理论认为包括光在内的所有形式的能量，在空间中均以有限"量子"（普朗克又称其为"小微粒"）的形式传播，这同牛顿的"粒子"理论非常接近。但随着现代物理的发展，1924 年，路易斯·德·波尔（1892～1987）提出波尔量子理论，认为所有移动的微粒亦同时表现出"波"的性质，即"波粒二象性"，并证明了这一理论的正确性。因此，牛顿、胡克等人的理论均是正确的，科学上一个伟大的争议话题也最终画上了句号。

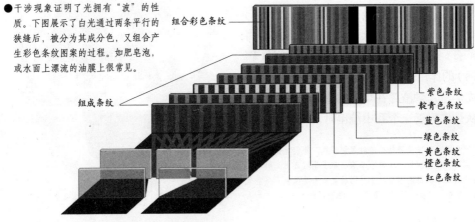

● 干涉现象证明了光拥有"波"的性质。下图展示了白光通过两条平行的狭缝后，被分为其成分色，又组合产生彩色条纹图案的过程。如肥皂泡，或水面上漂流的油膜上很常见。

组合彩色条纹

组成条纹

紫色条纹
靛青色条纹
蓝色条纹
绿色条纹
黄色条纹
橙色条纹
红色条纹

炼铁的历史与进展

从古代起，人类就认识了铁，自约公元前1100年起，中东与欧洲便进入了铁器时代。但是在当时，铁质工具、武器等仍非常罕见，只有富豪才能拥有。这一状况一直延续到约700年，随着鼓风炉的发明，从铁矿石中炼铁变得广泛，铁器才真正开始进入人们的日常生活。

大 事 记	
1709 年	出现使用焦炭的鼓风炉
1779 年	科尔布鲁克德尔镇的铸铁桥竣工
1828 年	内尔逊首创热风处理程序
1857 年	出现热鼓风炉

古埃及人从沙漠中拾取陨石以获得铁，并于公元前1350年左右发现利用火焰焊接陨铁的方法。同时期，安纳托利亚（今土耳其）的赫梯人也开始使用铁制造工具，随后，制铁知识传入印度与中国。古希腊人使用铁栓将大块的石块固定在一起，而公元前400年左右，中国的工匠们则开始使用一种熔点较低的铸铁铸造铁质雕塑。

约700年的西班牙卡塔兰熟铁炉被认为是世界上最早的鼓风铸铁炉。大约一个世纪之后，斯堪的那维亚地区也开始建造鼓风铸铁炉。当然，当时的人们并不知道其工作原理中所包含的简单的化学知识。鼓风铸铁炉的工作原理是：炼铁工人首先在地表挖一个大坑作为炼铁炉；炉壁填充泥土与碳化芦苇（一种上好的木炭）；随后将黏土与矿渣（即之前炼铁炉中的杂质）铸成的圆锥形烟囱加盖上去；然后再向炉中填充铁矿石、石灰石与木炭的混合物后点火。当炉中变热时，炼铁匠使用风箱将空气鼓入炼铁炉中，空气与木炭作用产生一氧化碳，而一氧化碳随后将铁矿石（氧化铁）转变为金属铁。石灰石（碳酸钙）的作用是与铁矿石中的杂质硅石反应，形成炉渣。炉渣浮在炽热的铁水上层，当铁水从炉底附近一个孔中流出时，可以很容易

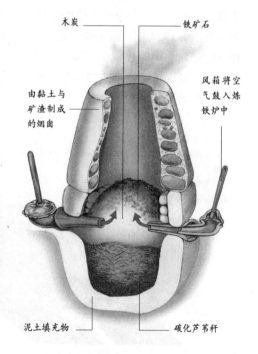

木炭　　　　铁矿石

由黏土与矿渣制成的烟囱

风箱将空气鼓入炼铁炉中

泥土填充物　　　碳化芦苇秆

● 早期金属冶铁匠使用简单的鼓风炉炼铁。他们首先在地下挖掘一个较大的坑，并将一个烟囱建于此坑之上，随后将铁矿石置于焖烧的木炭之上。同时使用手动风箱，将空气鼓入炉中，以提升炉温，最终产生炽热的铁水。

●位于科尔布鲁克德尔镇上的鼓风炉一天24小时不间断地运行。这幅油画绘制于1801年，描述了铸铁铁水从鼓风炉中倒出时的场景，整个天空都充斥着炽热的火焰。

地敲掉炉渣。

14世纪的英国是整个欧洲的铁冶炼中心，当时采用水轮驱动的风箱向鼓风炉中鼓入连续的气流，一天的铁产量可达3.3吨之多。由于炼铁时需要大量的木炭，因此，英国绝大部分森林在这一时期均遭到了毁灭性的砍伐。直到1709年，英国铸铁产业奠基人亚伯拉罕·达比（约1678～1717年）用焦炭（来自煤）取代木炭后，这一状况才得到好转。尽管达比的同胞达德·达德利（1599～1684年）宣称自己才是在鼓风炉中首次使用煤的人，但这一说法并不可信，因为煤中存在的硫会降低铁的质量。但是达比的工艺却极大地改变了铸铁的生产与使用，使得铸铁锅、铸铁壶、铸铁罐等很快成为英国家家户户都能使用的产品。

达比在科尔布鲁克德尔镇赛文河畔建立自己的炼铁厂。1742年，他的儿子亚伯拉罕·达比二世（1711～1763年）安装蒸汽机从河中抽水以驱动风箱。1768年，达比的孙子亚伯拉罕·达比三世（1750～1791年）接手公司，并于1779年使用预制铸铁元件在科尔布鲁克德尔镇建造了横跨赛文河的铸铁桥。该桥高出河面12米，长30米，1934年，该桥禁止机动车通行，但至今仍用做人行桥，屹立不倒。

19世纪，鼓风炼铁炉迎来了历史上最后一次较大的改进。1828年，苏格兰工程师詹姆士·内尔逊（1792～1865年）将经过预热管预热后的空气通入鼓风炉中，极大地提高了炼铁效率。最初，内尔逊直接使用煤加热预热管，随后改为使用焦炭炉的副产品——煤气预热，大大节省了资源。1857年，英国发明家爱德华·科伯（1819～1893年）再次改进内尔逊的设计，制造热鼓风炉，采用炼铁炉自身的高热废气预热空气。

●轧钢厂总图，主图四周环绕的图样是炼铁炉切面图与炼铁炉各个部件图。该工厂将仍处于红热状态的铁轧成条状，制造铁轨、围栏。

海上航行

在广阔海洋上的船员们必须知道自己的确切位置与行进方向。尽管指南针可以指示方向，而且从公元 12 世纪起，磁罗盘便广为应用，但是要想精确定位就必须知道经度与纬度，事实证明，这比较困难。

大 事 记
1594 年 反向高度观测仪问世
1731 年 八分仪问世
1735 年 精密计时器问世
1757 年 六分仪问世
1759 年 哈里森获奖精密计时器

●约翰·哈里森的第 5 个精密计时器在 10 个星期的时间里走时仅仅误差 4.5 秒。即使是在海洋上，该计时器也远比陆地上的其他任何钟表精确得多。

纬度代表某位置偏离赤道以北或以南的距离，用"度"表示。例如：费城所处的位置是北纬 40 度。同样，我们也可以测量水平线之上某特定天体的角度，再根据星表或天文历确定纬度。例如，测定夜间北极星或者正午太阳的角度后，再根据相应的星表就能确定纬度。早期航海家们使用各式各样的工具来测量这些角度，而最早应用于这一领域的便是直角器，海员在移动一根横木时沿着一根 1 米长的杆观测天空，直至直角器下端呈水平，而上端恰好指向特定的恒星或太阳。随后根据杆上的校准刻度，即可读取该天体的角度。这最初是由法国天文学家利瓦伊·本·格尔绍姆（1288 ～ 1344 年）于 1330 年发明，直到 18 世纪才逐步退出了历史舞台。

1594 年，英国海员约翰·戴维斯（约 1550 ～ 1605 年）发明反向高度观测仪，它指向反方向，操作者不再需要直视太阳。四分仪同反向高度观测仪相似，除了海员、天文学家外，炮手等也常常使用

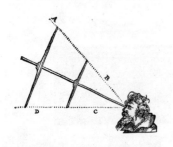

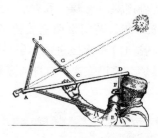

●测量太阳在天空中的角度在航海中极为重要，早期的测量仪器包括（从左向右）：直角器、反向高度观测仪、四分仪。

它定位坐标角度或瞄准目标等。

1731年，英国数学家约翰·哈德利（1682～1744年）发明八分仪，当时，人们常常将其误称为"哈德利四分仪"。与此同时，英属美国发明家托马斯·戈弗雷（1704～1749年）在美国费城也独立发明了八分仪，该仪器在一条枢轴臂上安着一块反光镜，可移动，与连线上另一块反光镜制造出太阳影像，第二块反光镜也能提供水平方向的视野。但是八分仪的最大观测角度仅为45°。1757年，苏格兰海军军官约翰·坎贝尔（约1720～1790年）根据八分仪的设计原理发明了六分仪（其最大观测角度为60°，为360°的1/6）。在此后的250余年间，六分仪一直是海上航行的标准配置，后来甚至还应用在飞机上。随着科技的进步，六分仪最终被无线电导航系统以及GPS（全球定位系统）所取代。

● 17世纪，在六分仪发明之前，海员测量纬度的方法包括直接观测太阳或某颗恒星等。但是在甲板上使用这一方法测量纬度却远非想象的那么简单。

1884年，一次国际性会议通过决议，将穿过英国伦敦格林尼治天文台的格林尼治子午线设为本初子午线，即经度为0°的经线。但是，根据格林尼治子午线定位其他的经度（位于格林尼治子午线的东边或者西边）远比确定该地区的纬度要困难。在长达几个世纪的时间里，海员只能通过测量月球与其他天体间所成的角度，以及参考星历表确定自身的经度。德国天文学家雷纪奥蒙塔努斯，即约翰·穆勒（1436～1476年）于1474年首次绘制专门用于定位经度的星历表。1766年，该星历表经英国天文学家内维尔·马斯基林（1732～1811年）修正后，收录于《航海天文历》一书，此后每年，该天文历都会做一次修订。

但是精确定位经度这一问题直到精密计时方法出现后才得以解决，因为本地时间同本地经度息息相关。如：英国伦敦处于正午12点整时，则美国费城恰好处于上午7时整（费城位于西经75°），所以如果我们知道当伦敦处于正午12点整时某位置的本地时间，即可推算出当地的经度。因此，这就需要精确的计时器。1714年，英国政府悬赏2万英镑，奖励能够制造这种计时器的人。由此引发了一场"海洋钟"制作竞赛，参赛路径为大不列颠岛至西印度群岛共6个星期的航程，航行结束之后，计时器偏差小于2分钟的即为优胜。

英国钟表匠约翰·哈里森（1693～1776年）参加了这一竞赛，并于1735年制造了首台精密计时器。但是直至1759年哈里森制造了第四台精密计时器才使其最终赢得了这一奖项（或许英国政府保留了另一半奖金，直至哈里森证明他的这台精密计时器能够被复制才能发放剩余的这部分奖金）。1773年，英国国王乔治三世了解到哈里森的处境后（即未获得全额的奖金），为其所遭受的待遇深表同情，才使得哈里森最终获得了这部分剩余的奖金。

富兰克林与避雷针

本杰明·富兰克林在其一生中扮演过多种角色，他是一位杰出的政治家，同时也是一位伟大的科学家。他不但为新生美国的发展起过重要作用，而且在物理学方面也做出了令人瞩目的成就，同时他还是一位天才的发明家。直到今天，他的诸多发明仍被广泛应用。

●本杰明·富兰克林

18世纪仅次于乔治·华盛顿的最有名的美国人，避雷针的发明者。

避雷针是由富兰克林发明的。富兰克林用不导电的材料把一根金属棒固定在高楼顶部，而后用一根导线将其与大地相连。这样，打雷时天空中产生的强大的电荷可以通过金属棒直接流入地下，这样便可以避免对建筑物和人造成伤害。

富兰克林设计避雷针的灵感，很大程度上得益于莱顿瓶的实验。

莱顿瓶是一种能够聚集电荷的瓶子，由荷兰莱顿大学的科学家们研制出来。

莱顿大学的科学家经过长期研究，终于研制出这个叫莱顿瓶的装置。它的构造很简单，就是在普通玻璃瓶的内壁和外壁上分别贴上银箔，内壁银箔通过导线与带电体连接起来，外壁接入地下。这样，当带电体不断接收电荷时，内壁的银箔上就会聚集大量的电荷。运用莱顿瓶，就是把内外两层箔片用导线连接起来，由于大量正负电荷相碰，就会产生强烈的火花和爆炸声。

由莱顿瓶的实验受到启发，富兰克林由此推测，天上的雷电与摩擦产生的电完全一样。为了证实推测，极富冒险精神的富兰克林做了一个大胆的决定，那就是在雷雨天气放风筝，以此收集那些云层中的电荷。放风筝的绳子实则就是一根导线，它可以把天空中的电荷引入莱顿瓶。事实证明，天空中的雷电与摩擦产生的电确实相同。就这样，在风马牛不相及的两种现象中，富兰克林却找到了它们隐含的共同的原理。

这一原理极大地启发了富兰克林，他进行了大胆设想，他认为可以把狂暴不羁的雷电导入地下，从而避免它对人类的伤害。经过不懈的努力，避雷针终于在富兰克林的手中诞生了。

当今随着城市发展的需要，几十层、近百层的高楼鳞次栉比，避雷装置对这些建筑物来说更是不可或缺的了。尽管有许多新的避雷装置不断问世，但万变不离其宗，它们都是在富兰克林发明的避雷针原理的基础上设计出来的。

牛痘接种法的发明

　　天花是一种传染性非常强的疾病，在历史上曾给人类带来巨大的灾难。据考证，仅在18世纪，世界上死于天花的人数就达1.5亿。自琴纳发明牛痘接种法后，人类才开始逐渐从天花的魔爪下挣脱出来。

　　天花，有史以来它的阴影就一直笼罩着人类。保存完好的几千年前的木乃伊身上就有天花留下的痘痕，其历史之久远可见一斑。14世纪前后的欧洲，天花竟夺去了上亿人的生命。在很长一段时间里，人们对天花束手无策，只好任其肆虐。

　　在探索治疗天花的时候，人们逐渐发现有些人虽然患了天花却侥幸活了下来，这些人以后就再也不会染上天花。是什么原因使这些幸存者具有免疫性的呢？18世纪70年代的英国医生爱德华·琴纳试图揭开其中的谜团。

　　琴纳花了很长时间去研究患过天花的人的身体肌理，但发现他们除了皮肤上比其他人多些麻坑之外没有任何特别之处。琴纳顿感困惑，但他决心一定要将这个问题弄清楚。

　　琴纳发现天花病感染者不分男女老幼。一次，在一个村庄调查时，琴纳发现这里牛奶场的挤奶女工没有一个人患天花。这一现象引起琴纳极大兴趣，他进一步核实了情况，发现不但那些挤奶工，就是跟农场牲畜打交道的人得天花的概率也很小。难道这些牲畜有什么魔力。

　　琴纳跟这些女工深入聊了这个问题，这才知道她们开始从事这个职业时经常染上牛的脓浆，之后就出现了轻微的天花症状，但很轻微，一般是不治而愈。琴纳发现这种身上有脓包的牛其实是患了天花，但死亡的极少，皮上也不会留下麻坑。琴纳忽然悟到了什么，他人为地将牛痘的脓浆接种到一个叫詹姆斯·菲普斯的小男孩身上，小孩发了几天低烧，身上也长了些水泡，但很快痊愈。给这位孩子接种牛痘的那一天是1756年5月14日。菲普斯是人类第一个接种牛痘的人。过了几个月，琴纳又给小菲普斯接种天花病人身上的脓浆，过了一段时间发现他根本不会再染上这种病，同那些得过天花病的幸存者一样获得了某种强大的抵抗力。琴纳成功了，他用事实说明：在健康的人身上接种牛痘，就可以使这个人再也不得天花。多么伟大呀！吞噬了无数生命的恶魔——天花终于被科学扼住了喉咙。天花肆虐的时代过去了，无数人激动地流下了热泪。

　　伟大的琴纳给天花这个恶魔套上了绞索，全人类又经过200多年的努力，终于在1980年将它绞死。那一年联合国卫生组织宣布天花已在全世界绝种。

　　琴纳发明接种牛痘，不仅普救众生，还发现对抗传染性疾病的又一利器，那便是免疫，从而奠定了免疫科学的基础。

詹姆士·瓦特与蒸汽机

詹姆士·瓦特是英国最伟大的工程师之一。工业革命初期，瓦特发明的实用性发动机便常被用来为纺织机以及矿场里的抽水泵提供动力。之后，工程师们将瓦特设计的发动机改造为适合汽车、轮船的动力引擎，最终蒸汽引擎火车头的推广引发了一场横跨欧美的铁路交通革命。

大事记

1765 年	带分离冷凝器的蒸汽机问世
1769 年	瓦特的蒸汽机获得专利
1775 年	瓦特同马修·博尔顿合作设计制造蒸汽机
1781 年	"太阳与行星齿轮"装置问世
1782 年	双向作用蒸汽机问世
1788 年	飞球离心调速传感器问世

1736 年 1 月 19 日，瓦特出生于苏格兰克莱德河畔的小镇格林诺克（位于格拉斯哥市附近），父亲为木匠兼商人，而瓦特是六个孩子中最小的一个。少年时代的瓦特没有接受完整的正规教育，但曾就读于格林诺克文法学校，并在父亲的工厂学习技术。1755 年，瓦特只身前往伦敦，在一家精密仪器制造厂当学徒。2 年后，成为格拉斯哥大学仪器制造厂工人，并拥有了自己的车间。1764 年，学校里的一台纽可门蒸汽机模型出现了故障，请瓦特前去维修。在修理的过程中，瓦特意识到该类型蒸汽机的两大弊病：首先，活塞动作不连续而且非常慢；其次，该汽缸在不断地加热与冷凝的过程中，能量大量流失，热效率十分低下。

1765 年，瓦特设计发明了带有分离冷凝器的蒸汽机，克服了纽可门蒸汽机的缺陷。该设计能够将做功后的蒸汽排入汽缸外的冷凝器，令汽缸产生真空，同时又可以始终保持汽缸处于高温状态，避免了在一冷一热的过程中造成的能量消耗。据瓦特的理论计算，这种新型蒸汽机的热效率是纽可门蒸汽机的 3 倍以上，因此，学校教授、苏格兰物理学家、化学家约瑟夫·布莱克（1728 ~ 1799 年）决定资助瓦特继续研制蒸汽机。

1767 年，瓦特前往伦敦，得到化工技师约翰·罗巴克的资助，二人开始合作研制蒸汽机，但 1772 年他们的工厂因经营不善而破产。不过罗巴克又将瓦特介绍给自己的朋友——工程师兼企业家马修·博尔顿（1728 ~ 1809 年）。博尔顿在伯明翰附近的梭霍地区设有工厂，生产各式各样的金属制品，如镀金的用具、银纽扣与带扣等，并且博尔顿还于 1797 年设计了英国新型铸币技术，并为此设计了专用机械。

1775 年，与博尔顿合作之后，瓦特开始按照 1769 年设计的原型制造蒸汽机，不过与之前的蒸汽机相比，瓦特于 1776 年建造的第一台新型蒸汽机仍无显著提高。经过 5 年的不断摸索与改进，瓦特终于制造出真正意义上的实用型蒸汽机，随后便大批量生产。在此期间瓦特还不断地与仿冒侵权行为作斗争，保护自己的专利。在英国西南部城市康沃尔的铜矿、锡矿中绝大多数运行了 50 年之久的纽可门蒸汽机都被瓦特蒸汽机所取代。

瓦特一直潜心改进蒸汽机，为了将活塞的上下往复运动转化为旋转运动，1781 年他发明了"太阳与行星齿轮"，以及杆和曲柄联动系统。这些改进使蒸汽机得以应用到机床、织布机与起重机上，结束了这些机械靠水能驱动的历史。

1782 年，瓦特又设计了双向作用蒸汽机，即蒸汽能够从活塞的每一侧交替进入。这种机器在活塞的每一次运动时都利用了蒸汽力。1788 年，瓦特设计了飞球离心调速器，用以控制引擎速度，这是历史上首台负反馈式装置被应用于蒸汽机之上。1790 年，瓦特发明的压力计完成了瓦特式蒸汽机的历史性飞跃。至 18 世纪末，世界各地共有约500 台瓦特式蒸汽机在不停地运作。

1783 年，瓦特用"马力"作为瓦特式蒸汽机的输出功率单位，他用当时最普遍的动力源——马匹的输出标准作为参照。因为一匹马能够在 1 分钟之内将 453 千克重的物体抬升 10 米，所以由此计算得出马匹的动力为每分钟 33000 尺磅（1 尺磅 = 1.3558 焦耳），相当于每秒 550 尺磅，瓦特称之为 1 马力。根据这个标准，普通人的功率输出约为 1/10 马力，家用汽车的功率则约为 20 马力。

除了发明蒸汽机外，瓦特在其他领域亦做出过不少贡献，如于 1780 年获得专利、使用特制化学墨水复制文件的技术——胶版印刷术，以及用来复制雕塑的雕刻机等。1794 年，博尔顿、瓦特以及瓦特的儿子一起开办公司，之后瓦特的儿子慢慢接手公司事务。1800 年，瓦特退休，但其仍旧醉心于发明设计。1817 年，小詹姆士·瓦特为"卡列多尼亚号"远洋蒸汽船设计制造蒸汽机，该船下水时，整个英国都为之振奋、欢呼。瓦特目睹了这一场景，见证了儿子的成功。

为了纪念瓦特的贡献，国际单位制中功率的单位被定为"瓦特"，在机械运动中，瓦特的定义式 1 焦耳／秒。而在电学单位制中，瓦特的定义是 1 伏特·安培。

扫码获取更多资源

●瓦特式蒸汽机的核心部件是分离冷凝器（图中中间偏左的那个小圆筒汽缸），图中也展示了"太阳与行星齿轮"联动装置（位于最大的飞轮的中心），这一装置将振荡杆的上下运动转换为圆周运动，从而为其他机器提供动力输出。

加速工业革命的纺织机

由手动纺纱轮发展到走锭纺纱机，走过了大约 6 个世纪。在随后的 70 年里，西方纺织工业逐步走向完全机械化。织布机可以进行机械化纺纱、织带、织布、织地毯。从最初的由水力驱动，到后来的使用蒸汽机驱动，纺织工业走在了工业革命的第一线。

大事记
13 世纪 手纺车问世
1733 年 飞梭问世
1764 年 珍妮机问世
1769 年 精纺机问世
1779 年 走锭纺纱机（又称"骡机"）问世
1785 年 蒸汽动力织布机问世

最初用于协助纺纱的器械为卷线杆，在长杆开裂的一端夹有未纺织的羊毛、亚麻等。纺织工通常是妇女，她们将纺纱杆夹在一条手臂下，并搓出一股连续的羊毛绳，同时在一只手的手指间将这些羊毛绳绕在一个旋转的纺锤纱锭的一端。历史学家们通过考古挖掘发现古代美索不达米亚人于 7500 年前便开始使用纺纱杆，成为可与轮子匹敌的最古老的发明之一。

13 世纪，欧洲开始大规模推广手纺车，手纺车具有垂直的大纺纱轮，大大简化了纺纱的工作。它有一根带子带动纱锭旋转，纺纱者一只手从垂直的纺纱杆中不断地抽出羊毛线，另一只手不断地转动纺纱轮。16 世纪的手纺车又增加了脚踏板，纺纱工从此可以坐下来纺纱。

18 世纪，纺纱机有两次极为重要的改进。首先是 1764 年，英国机械师詹姆士·哈格里夫斯（约 1720 ~ 1778 年）发明的珍妮机（于 1770 年取得专利），其次是 1769 年哈格里夫斯的同胞理查德·阿克赖特（1732 ~ 1792 年）发明的精纺机。早期珍妮机由手转动纺纱轮，主要用于纺织羊毛纱线，而且能够同时织 8 股纱线。而精纺机则是由水轮驱动，主要用于纺结实的棉纱作为经线。1779 年，英国织布工萨缪尔·克朗普顿（1753 ~ 1827 年）结合珍妮机与精纺机的长处，发明了走锭纺纱机，它能够同时纺出 48 股细

●珍妮机使得纺纱工能够同时纺织多股纱线。该机器由英国机械师詹姆士·哈格里夫斯于 1764 年设计发明。

●纺织机械化大大加快了纺织速度，上图中顶端轴承带动传动带，驱动织布机工作。织布机最初由水轮机驱动轴承转动，1785年之后，则由蒸汽机逐步替代，为轴承提供动力。

纱。因为走锭纺纱机结合了早期两种纺纱机的长处，所以又称之为骡机，意为两种纺纱机的"杂交"后代。

这些纺纱机的原理大致相同，首先将纺纱纤维即粗纱缠绕在旋转的纱锭上并移到一架走锭纺纱机上，走锭纺纱机首先向外拉出细线，然后将其扭在一起形成纱线，当纱线绕在线轴上时再移回。1828年，美国人约翰·索普(1784～1848年)发明了环锭纺纱机之后，棉便在环锭纺纱机上纺。在环锭纺纱机中，粗纱穿过一系列高速滚筒后，被抽成精纱，之后每根精纱均穿过"滑环"上的小孔，将其扭成一股后，缠绕于高速旋转的垂直的纺纱锭之上时扭着纱线。

获得纱线后，纺织工便可用它制作布匹了，这也正是织布机的主要功能。最简单的织布机即为有一套平行细线(即布料经线)的一个架子。织工们以垂直的角度使用梭子导引的另一根细线(即布料纬线)织入织布机上的经线之中，生产出布匹。最初的重要改进是加上了一些绳索，用于提起所有的经线，使得梭子能够快速轻便地从一端穿到另一端。很快，纺织工便将纺织机的脚踏板引入织布机，更加方便地控制提线绳索。

1733年，英国工程师约翰·凯(1704～约1780年)发明飞梭后，更大大提高了纺织工业的工作效率。这一设计使得织工能够更加快速地将梭子从布料的一端移到另一端。随着人类文明的进步，机械织布机也逐渐登上历史舞台，最初是由水力驱动，1785年，英国发明家埃德蒙·卡特赖特(1743～1823年)发明首台蒸汽动力织布机后，蒸汽动力正式代替水力，成为纺织工业的主要动力输出。

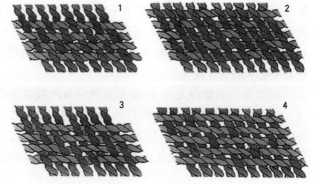

●织布机上能够依据综片不同的导引方式弯曲细纱，从而编织不同类型的布匹(见左图)。依次为：1.缎纹织法；2.平纹织法；3.棉缎织法；4.斜纹织法。

农业机械的发明与应用

史前时代，人类就已发明了耕犁与镰刀，但此后很长时间农业机械便无更大进展，直到金属犁铧的出现，这一状况才得以改善。

1785 年，英国工程师罗伯特·兰塞姆（1753～1830 年）发明了铸铁犁铧。1819 年，美国工程师史蒂芬·麦考米克（1784～1875 年）及其同胞叶特罗·伍德（1774～1834 年）各自独立设计出完全由铸铁铸成并有可更换部件的耕犁，最终由美国实业家约翰·迪尔（1804～1886 年）于 1839 年开始大规模生产。1862 年，荷兰农场主开始使用蒸汽耕犁，与此同时，美国以及欧洲其他地方的农场主则使用蒸汽拖拉机牵拉标准耕犁。

1701 年，播种技术取得重大突破，英国农学家叶特罗·塔尔（1674～1741 年）发明了机械条播机。使用该机械，农场主可以均匀并排地撒播种子，不但易于锄草，而且也易于收割。收割之后，如小麦等谷物需要经过脱粒，但是使用连枷抽打谷物进行脱粒非常耗时耗力，直到 1786 年，苏格兰装技工安德鲁·米克尔（1719～1811 年）发明谷物脱粒机后这一情况才得以改善。

农业生产中最后一项实现机械化的程序便是收割。现今一般将收割机的发明人归于塞勒斯·麦考米克（1809～1884 年）。1831 年，年仅 22 岁的塞勒斯设计制造首台收割机，并于 1834 年取得专利。1859 年，塞勒斯与自己的哥哥利安德合伙，于 1879 年组建麦考米克收割机械公司，他们在芝加哥拥有大型工厂，一年能够生产约 4000 台收割机。

1833 年，美国工程师奥贝德·赫西（1792～1860 年）发明了另一类型的收割机，经过 1847 年的改进之后，该机器在割草以及加工干草方面的性能甚至比麦考米克的收割机要好很多。不过很可惜，赫西没有麦考米克庞大的公司运作体系，同时也没有敏感的商业嗅觉，并未将他的设计付诸大规模生产。

同样在 19 世纪 30 年代，紧跟美国著名铁匠、发明家约翰·莱恩之后，许多工程师开始设计联合收割机，这类机器不但能够收割小麦，同时也能够将其推入传动带打包。值得一提的是，在 1878 年，美国人约翰·阿普莱比（1840～1917 年）发明了分离式扎捆机。不久之后，联合收割机也拥有了脱粒的功能，不过，这些笨重的机器需要 10 匹甚至更多的马才能拉动。

蒸汽牵引引擎以及于 1908 年发明的蒸汽履带牵引车克服了联合收割机笨重的缺点。两年后，以汽油为动力的联合收割机逐渐走上工业机械的主舞台，比如爱丽丝·查默斯公司于 1935 年生产的万用作物收割机。随后，设计者们将动力设施融入收割机本身，这些横列于大草原上的自推进式联合收割机自此成为一道亮丽的风景。

运河的开凿与作用

在铁路诞生之前，运送笨重货物的唯一途径便是运河。18世纪末期，工业革命刚刚兴起，煤、木材、铁矿石等原材料的需求量激增，这些物资及工业制成品均借助运河网络，以马匹为动力，沿运河拖拽装满这些物资的驳船运送到各地。

2000年前，中国的工程师便建造了世界上最早的运河用于交通运输。京杭运河是世界上最早最长的运河，全长1794公里，是中国隋代至清代南北交通的大动脉。运河始凿于春秋时期，隋炀帝又以京都洛阳为中心开凿，形成长达2700多公里的隋代大运河。元定都大都后，与南京的水路联系

大 事 记
1757年 桑基布鲁克运河完工
1761年 布里奇沃特运河完工
1779年 克欧特·杜·莱克运河完工
1825年 伊利运河完工

已无须绕道洛阳，为解决南北通行先后又进行了开凿，奠定了今南北大运河的基础。

在印度北部和中世纪的荷兰，运河系统被广泛用于排水和灌溉。1757年，由英国工程师亨利·贝瑞（1720～1812年）主持修建、位于英国北部圣海伦斯的桑基布鲁克运河竣工后，运河体系被首次应用于工业化运输方面。

英国曼彻斯特附近的布里奇沃特运河是第一条具有重要经济价值的运河，它由英国著名工程师詹姆士·布林德利（1716～1772年）主持修建，1761年竣工。该运河最狭窄河段仅8米宽，不过这是一条顺流而下的运河，因此运河上并未修建船闸。其他运河则需要船闸来应付地势的倾斜，需要开凿隧道以穿越山岭，以及需要引水渠通过峡谷等。

布林德利后期修建的运河采用了船闸系统，但这些船闸仅有4米宽，因此航行在该运河上的驳船的宽度必须小于4米，不过这些货船的长度却可达到22米，因此人们称这些驳船为"窄船"，这些船能够装载30吨的货物。

不久，欧美掀起了开凿运河的风潮。1773年，英国政府委托苏格兰工程师詹姆士·瓦特（1736～1819年）考察苏格兰境内运河开凿线路，拟修建一条连接苏格兰境内诸多淡水湖、连通北海以及北大西洋的运河。1803年，该运河在苏格兰工程师托马斯·泰尔福特（1757～1834年）的主持下动工修建，并于1822年竣工。1819年，第一条可让远洋货轮行驶的运河竣工，此运河自英国西南部城市埃克赛特起，一直通向大西洋。

铁路的诞生

　　铁路起源于 16 世纪，当时欧洲各国的矿主们使用马匹拉动马车，沿由横木纵向排列的"轨道"运送货物。随着蒸汽机车头逐渐代替马匹，铁轨逐渐代替木轨，铁路诞生了。

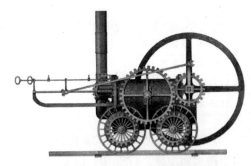

● 1803 年，理查德·特里维希克建造的蒸汽机车成为首辆采用铁轮并行驶在铁轨上的机车。尽管机车车头动力设备采用轻型引擎，却能够输出很高的蒸汽压力，当时高于所有其他的蒸汽机。

　　早在 1556 年，德国科学家格奥格乌斯·阿格里科拉（1494～1555 年）就描述了建在横木上的矿井铁路系统。17 世纪末期，英国米德兰地区的煤矿使用马匹拉着空车厢沿着斜面爬出矿井，随后利用重力将装满矿物的车厢沿着轨道滑到矿底。18 世纪初期，随着亚伯拉罕·达比（约 1678～1717 年）开始制造廉价的铸铁，更为坚固的铸铁铁轨也开始应用。

　　1803 年，英国工程师理查德·特里维希克（1771～1833 年）建造了人类历史上首台蒸汽机车头。它在潘·戴伦钢铁厂与南威尔士格拉摩根郡运河之间长约 16 千米的铸铁铁轨上来回行驶。当时，特里维希克机车采用无凸缘铁轮作为车轮，因此在铁轨外侧加铸了凸缘，防止机车出轨。4 年后，他又在伦敦北部尤斯顿地区修建了一条环行铁路，人们只需付 1 先令便可乘坐"谁能追上我号"绕行一圈。

　　1825 年，乔治·史蒂芬森（1781～1848 年）主持修建的斯托克顿－达灵顿铁路竣工通车，成为人类历史上第一条货运客运两用铁路，全长 42 千米。但在 1833 年之前，该铁路的客运车厢仍旧使用马匹牵引，只有货运车厢才由蒸汽机车牵引。1830 年，第一条城际铁路——利物浦－曼彻斯特铁路竣工，由史蒂芬森设计的"火箭号"机车牵引。该路线主要用于将利物浦港口的棉花运送到英国西北部城市曼彻斯特的加工厂，尽管线路必须经过一片广阔的沼泽地，但是史蒂芬森（同样是该铁路的主要设计建造者之一）通过在沼泽地铁轨下部铺设紧密栏木的方法，攻克了这一巨大的障碍。

除了英国，修建铁路的浪潮也席卷其他欧美国家。1830 年，巴尔的摩－俄亥俄铁路竣工通车，最初全长仅 21 千米，由巴尔的摩出发，到达埃里考特城的制造厂，为此，美国工程师皮特·库珀(1791 ~ 1883 年)专门设计建造了第一台火车头"汤姆·萨姆号"。1831 年，费城－哥伦比亚铁路竣工通车，不过最初仍以马匹作为动力牵引车厢，3 年后才开始使用蒸汽机车头作为动力牵引机车。1831 年竣工的南卡罗莱纳铁路成为当时世界上最长的铁路，从查尔斯顿出发到汉博格，全长共 248 千米。

1832 年，法国第一条蒸汽牵引机车铁路竣工，位于圣埃蒂安与里昂之间。1835 年，连接纽伦堡与弗斯的德国首条蒸汽铁路由英国工程师罗伯特·史蒂芬森(1803 ~ 1859 年)主持修建，后者也为此铁路专门设计建造了"老鹰号"蒸汽牵引机车。1840 年，奥地利、爱尔兰以及荷兰同时修建了铁路。由于新兴铁路的出现，驳船逐渐退出历史舞台，诸多的运河也终因年久失修而慢慢失去作用。

同蒸汽机车、车厢一样，铁路轨道也需要其他设备以维护线路安全。最初的铁轨由铸铁铸造而成，在铁轨两侧铸以竖起的直角凸缘以防脱轨。不久，人们不再使用带凸缘的铁轨，转而将凸缘置于车轮之上，并采用"鱼腹式"铁轨，即铁轨剖面中部加厚，使得铁轨承重力更强。但是铸铁轨道唯一的不足之处便是易碎，经常破裂。1858 年，英国炼钢工人亨利·贝西默(1813 ~ 1898 年)发明炼钢工艺后，铸铁轨道逐渐被钢质轨道所替代。

为了帮助机车进入站线以及支线铁路，铁路系统引入道岔装置，该装置最初是由英国工程师威廉·约瑟普(1745 ~ 1814 年)于 1789 年为原始电车轨道系统设计。随着越来越多的火车在铁轨上通行，工程师发明了铁路信号系统，它们呈盘装或臂装，能够翻转，同臂板信号机类似。1849 年，纽约＆伊犁公司引入区间闭塞信号系统，这一系统能够确保在前一列火车离开某区间之后才能允许下一列火车进站。随后，闭塞信号系统也实现了电气化。

1905 年，詹天佑为中国人自行设计和建造了第一条干线铁路——京张铁路。

●利物浦－曼彻斯特铁路既是货运铁路也是客运铁路。以下为两幅 1831 年的插图，左图描绘了"利物浦号"车头拉动混合货物车厢行驶的场景。右图则绘制了"夫瑞号"牲畜运输机车奔跑的景象。

化石的发现

　　化石是已死去相当长的时间的动植物遗骸，大多数为动物体内最坚硬的部分，如骨骼、牙齿、外壳等，并最终形成岩石。一些在煤层或者沉积岩中的植物化石轮廓很清晰，甚至动物的脚印也可以形成化石，它们表明数百万年前有生物在这片曾经的泥浆中走过。

　　1517 年，意大利内科医师、诗人吉诺拉莫·弗拉卡斯托罗（约 1478 ~ 1553 年）可能是首先提出"化石是有机生物残骸"这一观点的科学家，但在当时并没有引起人们的重视。直到 18 世纪晚期，欧洲大陆发现了不少化石之后，科学家们才开始意识到化石不但能够显示生物演化的历史，同样能够揭示其所处岩层的年代。1793 年，法国博物学家让·巴帕蒂斯特·拉马克（1744 ~ 1829 年）再次提出化石是古代生物体残骸这一观点，此时，科学家开始重视它。两年后，他的同胞乔治·居维叶（1769 ~ 1832 年）成为最早发现恐龙化石的人之一。"恐龙"一词源自希腊语，意思是"恐怖蜥蜴"，由英国化石收藏家查德·欧文（1804 ~ 1892 年）于 1842 年首次为其命名。

大 事 记
1517 年 弗拉卡斯托罗认为化石是动物遗骸
1793 年 拉马克重申弗拉卡斯托罗的理论
1795 年 居维叶发现恐龙化石
1811 年 玛丽·安宁发现首块鱼龙化石
1816 年 威廉·史密斯发现化石年代与岩层年代的关联

　　古生物学家认识到化石形成的几种方式：对于动物化石来讲，尸体在分解腐烂或者被食腐动物吃掉之前必须被迅速掩埋，而被掩埋的最佳场所便是水下的泥浆里以及湖底、海底的沉积层里，这些场所也是沉积岩形成的地方。埋在沉积层中的动物遗骸能够被水分解，最终留下接近完美的生物铸模，随后矿物可能存积于其中，最终形成与周围沉积岩质地截然不同的生物铸件。泥浆中的动物足迹以及生物运动轨迹也能够以相似的方式保存下来。而只是在偶然的情况下，整个动物才能够被保留下来并成为化石，比如被困在琥珀（树脂化石）中的昆虫，或者被困于永久冻土中的猛犸等。加利福尼亚的

●这幅 19 世纪的漫画出现在《浮华世界》一书中，图中人物为解剖学家、化石收集者理查德·欧文。他是世界上首位古生物学者，曾参与伦敦自然博物馆的创建。

一些焦油坑中也完整地保留了大批史前动物的骸骨。

沉积岩常常形成海边的悬崖，由于海浪、气候的侵蚀，其内部保留的化石也会逐渐显露，因此常常能够在海边的悬崖上看到伸出的化石，甚至能在海滩上捡到化石。1811年，英国女学生玛丽·安宁外出散步时，在英国南部的多赛特海滩上偶然间捡到一块完整的鱼龙骨架化石。鱼龙是一种类似鱼的爬行动物，生活在1.5亿年前的中生代。年仅12岁的安宁很有远见，毅然将这块化石卖给当地博物馆，她也成为世界上最著名的化石收藏者之一。

数百万年的沉积物堆积在一起，经过积压形成多层的沉积岩层，只要没有大的地壳运动破坏这些沉积层的排列顺序，新生的沉积层永远都会处在古老的岩层的上层。1816年，英国地质学家威廉·史密斯(1769～1839年)指出，化石年代一定与发现该化石的岩层年代相同。换句话说，包含化石的岩石年代与该化石的年代相同。二者的关联性为测量地质年代提供了全新的方法。当然，这些方法均无法获得化石或者岩层的具体年代，直到20世纪，我们能通过测定化石的放射性才可以获得较准确的化石年代信息。

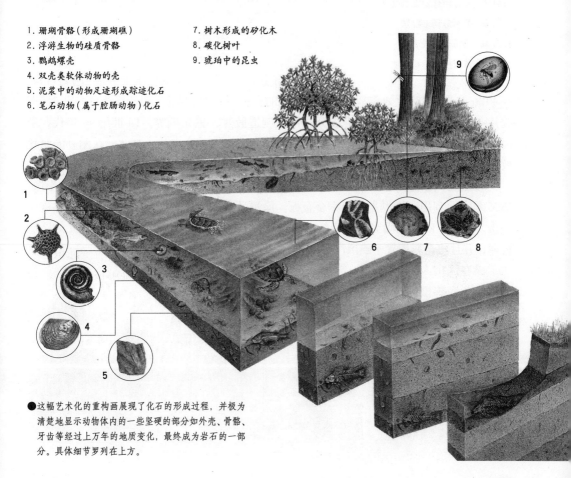

1. 珊瑚骨骼(形成珊瑚礁)
2. 浮游生物的硅质骨骼
3. 鹦鹉螺壳
4. 双壳类软体动物的壳
5. 泥浆中的动物足迹形成踪迹化石
6. 笔石动物(属于腔肠动物)化石
7. 树木形成的矽化木
8. 碳化树叶
9. 琥珀中的昆虫

●这幅艺术化的重构画展现了化石的形成过程，并极为清楚地显示动物体内的一些坚硬的部分如外壳、骨骼、牙齿等经过上万年的地质变化，最终成为岩石的一部分。具体细节罗列在上方。

摄影的诞生

　　摄影的两大关键需要是照相机与胶片（21世纪初，逐渐发展起来的数字技术开始逐步取代胶片），而照相机出现的时间要比胶片早约1000年——直到化学家发现感光化学物质能够"捕捉"镜头影像后，胶片才被发明。

大 事 记
1725年 银盐的感光性被发现
1826年 尼埃普斯拍摄首张照片
1839年 发明纸基负片照相法
1841年 发明碘化银纸照相法
1851年 发明湿珂珞酊法
1871年 发明干明胶底片
1888年 首架柯达相机诞生

　　照相机源自"暗室"，暗室是在一面墙上开有一个小孔的密闭房间。光线进入小孔，将外面的景物投影到对面的墙上，形成上下颠倒的影像。最初，艺术家们使用该暗室协助描绘景色，之后，暗箱初步演化为便携式设备，变为较大的密闭暗盒，并且用透镜代替了小孔。

　　1725年，德国医生约翰·舒尔茨（1684～1744年）发现某些银盐（含银化合物）在日光的照射下会变暗。50年后，瑞典化学家卡尔·谢勒（1742～1786年）发现暗化效应是由于金属银粒的存在引起的。结果，银盐成为感光乳剂（即胶片上的感光涂层）中的标准成分，用以制造胶片、感光纸等。18世纪90年代，英国人托马斯·韦奇伍德（1771～1805年）曾尝试制造感光皮革。当然，在谢勒的暗化效应被广泛接受之前，诸多的科学家也曾尝试过其他不同的感光方式。

　　在法国，化学家约瑟夫·尼埃普斯（1765～1833年）也试验了瞬间留影的银盐影像，1826年，他利用一块抛光的锡铜合金板，涂覆沥青作为感光物质，首次成功地实施了拍摄。经过长时间的曝光，沥青转白，尼埃普斯利用一种溶液将沥青从未曝光的区域去掉，并且将金属板置于碘蒸汽中使其暗化。

　　碘在法国人路易斯·达盖尔（1787～1851年）完善摄影技术的过程中扮演了重要角色。为了制作他的照相版，他将银镀在

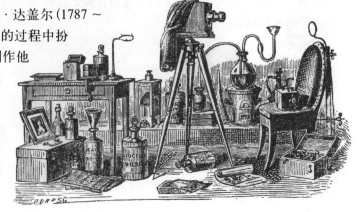

● 银板照相法需要一系列复杂的仪器与工序，需要大量的化学知识。图中椅子背后的环状金属丝用来固定被摄影者的头部，使其在较长的曝光时间里保持静止。

铜板上，随后将该板置于碘蒸汽中（在暗室中），产生了感光碘化银。他将感光板放置在照相机中，随后再将拍摄完成后的感光板置于汞蒸汽中，完成显影这一工序，再经过定影（将其浸在普通盐溶液中）得到永久的影像。之后人们以达盖尔的名字命名该照相法，又称为银板照相法，可惜的是，产生的是镜像，无法复制。

1841年，英国化学家威廉·福克斯·塔尔波特（1800～1877年）取得纸基负片照相法的专利权。早在1835年，塔尔波特便设计出该方法，使用浸泡过硝酸银、食盐或碘化钾溶液的相纸拍摄。在照相机中曝光后，将相纸置于镓酸之中显影，随后置于硫代硫酸钠（俗称"海波"）溶液中定影，得到"负像"（即黑白相反的图像），再使用一片相纸与胶片相接触，转化为"正像"（即景物原本的图像）。这一过程可以重复，能够大量复制出"正像"。

随后，威廉·福克斯·塔尔波特转入商界，与他的助手尼古拉斯·海勒曼一道在英国南部城市雷丁建立世界首家专业摄影工厂，成为最早的专业摄影家之一。1843年～1847年，他们拍摄了大量的肖像照。但当时因为印刷纸质纹理的原因，照片影印还是非常的粗糙。1850年，法国人路易斯·戴瑟·布兰克沃特·伊沃德（1802～1872年）用蛋清涂覆在相纸上改进了这一缺陷。尽管福克斯·塔尔波特控告伊沃德窃取了他的专利，但伊沃德的发明确实有重要的意义。

随着福克斯·塔尔波特发明的纸基负片照相法逐步普及，1851年，伦敦人弗雷德里克·阿彻（1813～1857年）突发灵感，产生了在火棉胶（一种极易燃、无色或黄色糖浆状火棉、乙醚、酒精的混合溶液）中制备银盐感光溶液的想法，并将其涂于玻璃片上，这便是湿珂珞酊法，并很快成为当时最重要的摄影法。直到19世纪70年代，才逐渐被"干底片"所取代，后者是英国内科医师理查德·马杜克斯（1816～1902年）于1871年发明的，干底片采用了明胶感光乳液。1888年，美国人乔治·伊斯门（1854～1932年）将干明胶感光乳液应用于他所设计的首架柯达相机之中，最初使用纸质底片，后使用透明胶片（又称赛璐珞）。随着柯达相机的大量销售，大量照片被拍摄出来，标志着摄影开始真正走进我们的生活。

迈克尔·法拉第与电磁学

法拉第，英国著名物理学家、化学家，是历史上最伟大的实验科学家之一。他在电与磁方面作了基础性的发现，同时他也是第一位将电应用于化学研究的科学家，因此他也建立了电磁学与电化学。

●迈克尔·法拉第在此图中以化学家的身份出现。他在化学领域最重要的贡献是发现了苯（也被称作芳香烃），这奠定了有机化学中一个新的分支的基础。

大事记

1821 年 法拉第制成简单的电动机

1823 年 法拉第液化氯气

1825 年 法拉第发现苯

1831 年 法拉第发现电磁感应现象

1834 年 法拉第提出电解定律

1791 年 9 月 22 日，迈克尔·法拉第出生于伦敦附近的萨里郡纽英顿伯特地区，父亲是一名铁匠。法拉第 13 岁便辍学成为一名书籍装订商的学徒，这一工作使其有机会阅读大量的科学书籍，同时激发了他对科学的兴趣，他甚至还做过简单的电学实验。1813 年，法拉第成为英国皇家研究院的化学家汉弗莱·戴维的助手，其部分工作便是为戴维的演讲完成演示实验。尽管在此工作的薪水还没有之前为书籍装订商工作时高，这却是法拉第一生的转折点。法拉第跟随戴维到欧洲大陆游学，结识了安德烈·安培（1775 ~ 1836 年）等一批著名科学家。1824 年法拉第当选皇家学会会员。1827 年，他接替戴维的职位，成为皇家研究所讲师，并于 1833 年担任皇家研究院化学教授。

法拉第在化学领域做出了重要贡献。1823 年，他通过将氯气封在一根管子里加热的方法液化了氯气，而在此之前，仅有另外两种气体被成功液化，即 1784 年，法国科学家加斯帕·蒙日（1746 ~ 1818 年）成功液化的二氧化硫；1787 年，荷兰人马丁尼斯·范·麦如姆（1750 ~ 1837 年）成功液化的氨气。1825 年，法拉第分离出纯度较高的苯，他称之为氢的重碳化合物，因为他认为这一化学物质的化学式为 C_2H（实际上应该为 C_6H_6）。1834 年，法拉第重点研究电解——一股电流通过两个电极之间的一种溶液（电解液）时产生的化学变化——通常是气体在某一电极产生，或者金属在阴极沉淀等。基于实验结果，法拉第总结出电解定律，该定律指出：第一，在电极上析出（或溶解）的物质的质量与通过电解液的总电量成正比（电解第一定律）；第二，通过各电解液的总电量相同时，在电极上析出（或溶解）的物质的质量与各化合物的化学当量成正比（电解第二定律）。

在物理学领域，法拉第同样做出了巨大的贡献。1821年，他设计制造出最初的电动机。他直接将一根较长的硬质导线悬挂在装满水银的盘子上方，导线下端则浸入水银之中，同时在导线的旁边放入一根与盘底垂直的磁棒。当电池的两极分别接通导体以及水银时，导线的底端就会绕磁铁旋转，这就是最初的电动机。1831年，法拉第将两根分离的螺旋线绕在一个铁环上，并一根连接检流计（一个检测电流的装置），当他将另一根导线与电池的两极接通时，检流计的指针跳动了，显示有电流存在。同时，法拉第亦通过实验证明，当磁铁从导线圈中移入移出时，导线圈中会产生电流，从而发现了电磁感应现象，奠定了电磁学的基础。

法拉第一生做了许多持久性的贡献，包括创办"星期五晚讲座"以及为儿童开设的"圣诞节演讲"等。1826年，法拉第在皇家研究院开始其第一次"圣诞节演讲"，此后他亲自演讲达19年之久。其中一次演讲的课题——《蜡烛的化学史》至今仍在不断地印刷出版。直至今日，一年一度的圣诞节演讲仍在继续，由当今各个学科的著名科学家上台主持。为了纪念法拉第为科学的发展所做出的贡献，科学界用法拉第的名字命名两种科学单位，其中"法拉"是国际单位制中电容的单位，1法拉等于1库仑／伏特。而另一个单位则是"法拉第常数（F）"，代表每摩尔电子所携带的电荷，它的值为 $96485.3383 \pm 0.0083 C/mol$。

●法拉第在伦敦皇家研究院所做的圣诞演讲，他首次以通俗易懂的形式向非科学界的听众介绍科学。

左轮手枪的发明

最早的手枪起源于 15 世纪，属于前膛枪，从前膛向枪管塞入铅球或者子弹后，依靠黑火药作为发射推进物将其发射出去。手枪中引爆火药的装置为枪机，经历了数次改进；从最初的火绳枪机到簧轮枪机，再到 18 世纪末燧发枪上的燧发枪机。

●萨缪尔·柯尔特采用通用零件组装的方法大规模生产左轮手枪，成为左轮手枪之父。他所设计的柯尔特左轮手枪在美国一直处于垄断地位，直到 1857 年专利过期。

大多数早期手枪都具有一个共同点，即点火一次只能发射一发子弹。当然，后来也出现过双管燧发枪，但这一枪械仅仅是由装载一发子弹变为装载两发子弹，并无实质性改进。为了突破不能连续发射子弹的瓶颈，有人曾尝试发明了胡椒瓶手枪，该手枪拥有多个枪管，每次发射都通过手动转动枪管，将有子弹的枪管转到点火装置前。但是这种手枪非常笨重，而且射击精度也较差。

另外一种解决方法是旋转式手枪，即左轮手枪。它们由一个内部装有多发子弹的弹筒构成，可以通过旋转弹筒，依次将子弹排入枪管发射。当时涌现出许多燧发式左轮手枪（即使用燧石的火花点燃火药），但直到 1807 年撞击式雷帽发明之后，真正的左轮手枪才告诞生。这种手枪弹筒中紧密装载的子弹仅仅将安装雷帽的末端显露在外，当手枪发射时，击锤击打雷帽，引燃火药发射子弹。最初的左轮手枪仍使用前膛填弹模式，所以仍归属于前膛枪类型。

第一把撞击式左轮手枪是由美国波士顿的枪械制造商以利沙·柯利尔于 1820 年在英国制造，这是基于 1818 年美国人阿特缪斯·惠勒（1785 ～ 1850 年）发明的燧发式左轮手枪进行改进后制造的。此后的数年间，各国的枪械制造商们均开始生产撞击式左轮手枪。但最后真正大批量生产性能优良的左轮手枪的却只有美国人萨缪尔·柯尔特（1814 ～ 1862 年），他所发明的左轮手枪于 1835 年在英国取得专利，后于 1836 年在美国取得专利。

最初的柯尔特左轮手枪为单动模式手枪，也就是说，射击手必须先手动扳起击

大 事 记
1807 年 撞击式雷帽问世
1820 年 柯利尔撞击式手枪问世
1835 年 第一把柯尔特左轮手枪问世
1851 年 亚当斯双动模式左轮手枪问世
1857 年 史密斯－韦森左轮手枪上市
1873 年 柯尔特－匹斯梅柯六发式单动左轮手枪问世

●上图为1865年生产的雷明顿新式陆军手枪，为前膛式左轮手枪。其下方为1837年艾伦转管手枪，具有6个转动的枪管。

锤（旋转弹筒也需手动），之后才能扣动扳机发射子弹。1851年，竞争对手英国枪械制造商罗伯特·亚当斯发明了一系列双动模式手枪，即仅仅需要扣动扳机便可旋转弹筒，扳起击锤，最后发射子弹。显然，后者的射速要比单动模式手枪高很多。1855年，亚当斯与英国陆军上尉弗雷德里克·博蒙特合作，一同设计左轮手枪，不久，博蒙特-亚当斯左轮手枪问世，该手枪提供了单动以及双动两种模式以供使用者选择。

最初，柯尔特将他设计的柯尔特式手枪销售给英国陆军与海军，并在伦敦建立了自己的军工厂。当时，通常而言，携带手枪的均是军队军官，但是它们更倾向于使用博蒙特-亚当斯左轮手枪。尽管柯尔特手枪在长距离射击方面精度比后者高很多，但是后者拥有更高的射速，同时后者的大口径也使其具有更大的杀伤力，而所有这些特点在近距离作战中都是至关重要的。因此柯尔特不得不关闭自己在伦敦的军工厂，当然他并没有关闭所有的工厂，而是在他的家乡康涅狄格州哈特福德继续生产左轮手枪，并将其销往全世界。

约1850年，金属壳子弹问世，是由美国人贺瑞斯·史密斯（1808～1893年）以及丹尼尔·韦森（1825～1906年）最初为来复枪设计的"缘发式子弹"，之所以这样命名，是因为该类子弹的雷帽位于弹夹底部边缘。与前膛填充式手枪不同，使用该子弹的弹筒必须前后打通。1855年，美国枪械制造商罗林·怀特取得制造这一类型弹筒的专利权。尽管他所设计的手枪投放市场后以失败而告终，但是史密斯-韦森发明的子弹必须依靠怀特的弹筒才能发射，因此他们不得不支付怀特高额的许可费以使用该类型弹筒。1857年，史密斯-韦森手枪上市。

1869年，罗林·怀特的专利权到期后，其他的军火商也开始大规模生产使用史密斯-韦森子弹的武器。罗伯特·亚当斯的弟弟约翰·亚当斯于1867年设计出双动金属子弹左轮手枪，但更著名的是柯尔特-匹斯梅柯六发式单动左轮手枪，后者直至20世纪40年代早期仍在大规模生产。

查尔斯·达尔文的进化论

　　1831 年，达尔文随英国"贝格尔号"军舰环绕世界进行科学考察。在此期间，达尔文积累了大量的观察记录，并最终促使其提出自然选择进化论。令人吃惊的是，此次航行他并不是以博物学家或生物学家的身份参与，而是以船长晚餐伙伴的身份随行。

　　1831 年，查尔斯·达尔文于剑桥大学毕业后，以"贝格尔号"军舰船长罗伯特·菲茨罗伊朋友的身份随行，进行科学考察。达尔文立志成为一名博物学家，通过此次长达 5 年的航行，达尔文获得千载难逢的机会得以观察遥远的地球另一侧的各种生物。"贝格尔号"先后到达特内里费岛、非洲西海岸的佛得角群岛等，随后绕过南美洲最南端的合恩角前往南美洲西海岸巴塔哥尼亚、智利、秘鲁以及加拉帕戈斯群岛，继而横穿太平洋航行至塔希提岛以及新西兰，最后借道毛里求斯（非洲岛国）以及非洲南海岸好望角返回英国，前后共历时达 5 年之久。每到达一个港口，达尔文都上岸考察，并且收集岩石、动植物标本。

　　在 5 年的航行中，达尔文在南美洲上岸的次数远远多于其他地方。事实上，他待在岸上的时间比在船上的时间还多。除了收集奇异动植物的标本外，达尔文还研究所到之处的岩石成分以及地质学特征。在巴塔哥尼亚，达尔文发现一处高达 6 米的沙砾层岩石，其中包含巨大的骸骨，而这些骸骨实在是太大了，不属于任何现存的物种。达尔文发现，除了太大之外，这些骸骨同南美洲的犰狳以及树懒非常相似。达尔文很快意识到这是可能是它们已经灭绝的远古祖先。但到底是什么原因导致了它们的灭绝？是否是因为它们已经不适于生存？

　　1836 年秋天，"贝格尔号"返回伦敦后，达尔文一直潜心研究地质学，并支持地质均变论。地质均变论最初由苏格兰地质学家查尔斯·莱尔（1797～1875 年）提出，该学说认为整个世界处于匀速的变化之中。随后，达尔文还拜读了英国经济学家托马斯·马尔萨斯（1766～1834 年）的诸多著作，书中提出了"生存竞争"一说。

　　达尔文意识到"生存竞争"同样也发生在动物界，比如为什么一些鱼类在食物明显不足的情况下仍坚持繁衍大量的后代？但是这些后代中的一部分又确确实实的生存了下来。这一现象启发了达尔文，使之萌生了"只有最适应环境的动物才能生存"的观点，换句话说，自然选择的过程是自然界的一个内在机制，该机制运作的结果使得自然界不断地选出最适合的生存物种。

　　就在达尔文将自己的这些观点归入进化论的同时，威尔士博物学家阿尔弗雷德·罗素·华莱士（1823～1913 年）通过在亚洲及澳大利亚的长期观察，也得到了同样的

●如方向箭头所示，"贝格尔号"在
南美的许多海岸停靠，有时甚至多
次往返，以便达尔文能够收集到更
多的动植物标本。

结论。1858 年，华莱士
写信给达尔文阐述了自己
的观点，随后二人联合在林
奈协会生物学杂志上发表了一篇关于进化论的论文。次年，达尔文出版巨著《物种起
源》。1889 年，华莱士也出版了关于达尔文学说（进化论）的书籍。

　　达尔文的理论认为，自然界通过突变来达到进化的目的。有利的突变会遗传给后
代，逐步地改变整个物种。最终，一个全新地更加适应自然界的物种生存了下来，而
另一些不适应的物种则走向了灭绝。当然，达尔文及其同时代的科学家都无法解释为
什么生物界会发生突变。但他们不知道的是，这一问题早在 6 年前就被深居奥地利修
道院的隐士格里格·孟德尔(1822 ~ 1884 年)解决了。他在自己的花园中通过种豌豆
揭示出遗传的本质，提出了遗传的基本定律——"分离定律"与"独立分配定律"，
即物种后代通过遗传获得前代的基因，而基因的存在为"突变"铺平了道路，也就是
物种进化的手段。

蒸汽船的发明与应用

詹姆士·瓦特（1736～1819年）制造出实用蒸汽引擎后，一些发明家将蒸汽引擎装在轮子上，制造蒸汽机车。另一些科学家则尝试将蒸汽机作为轮船的动力装置，这一想法看似简单——只要将蒸汽引擎连接船桨即可，但经历了数次失败，直到1807年才获得成功。

18世纪末期，人们开始热衷于尝试建造蒸汽船。1775年，法国发明家雅克·皮埃尔曾在巴黎的塞纳河上试验自己设计的蒸汽船。1783年，法国工程师克劳德·茹弗鲁瓦·德·埃本斯（1751～1832年）建造了重达180吨的明轮蒸汽船——火船，并在里昂的索恩河上进行了短暂的测试航行。1785年，美国发明家约翰·菲奇（1743～1798年）建造了蒸汽船模型，随后建造实体船，采用蒸汽引擎驱动机械桨前进，于1787年在特拉华河上首次试水。

大事记	
1775年	首艘实验用明轮船问世
1787年	菲奇式机械桨蒸汽轮船问世
1788年	塞明顿式明轮翼蒸汽船问世
1802年	"夏洛特·邓达斯号"蒸汽船问世
1807年	富尔顿成功制造商用蒸汽船
1838年	蒸汽船首次穿越大西洋
1845年	"大不列颠号"穿越大西洋

但他的这些蒸汽船均与普通轮船的推进系统相似，因此无一能够称得上完全成功。同样在1787年，美国工程师詹姆士·诺姆希（1743～1792年）采用了截然不同的方法，他在船上安装由蒸汽机驱动的强力水泵，在船身前体抽水，同时将水从船体后部喷出，以此获得推动力。随后，他在美国东部波托马克河试验了这艘喷水推进器式蒸汽船。

之后，苏格兰工程师威廉·塞明顿（1763～1831年）于1788年设计建造了新式蒸汽船。尽管在苏格兰达尔斯温顿海湾的试验中，该船达到了每小时9千米的航行速度，但是塞明顿并不满足，选择继续挑战自己。1802年，在苏格兰福斯－克莱德运河公司总裁邓达斯伯爵的资助下，塞明顿建造了著名的蒸汽拖船"夏洛特·邓达斯号"，该船装载了两台双缸蒸汽机，在福斯－克莱德运河上的一次试航中，该船以每小时5.5千米的速度拖动两艘大型驳船航行了约32千米。不幸的是，当时的航运公司认为该拖船运行时激起的水浪损坏了运河河堤，因此塞明顿在坚持数年后，不得不放弃了继续试验

● 1787年，约翰·菲奇在美国费城特拉华河上演示他所设计的蒸汽船，该船桨由蒸汽引擎驱动一排船桨，但船桨很快被明轮桨所代替。

●由伊桑巴德·布鲁内尔设计建造的这艘"大不列颠号"成为第一艘采用一个推进器进行远洋航行的蒸汽船。但最初的版本仍保留了船帆结构以备不时之需。

的计划。

美国工程师罗伯特·富尔顿(1765～1815年)成功建造了第一艘商用蒸汽船。1803年,富尔顿在法国建造了试验蒸汽船,其中一艘在塞纳河上试航时达到了每小时7千米的航行速度。1806年,富尔顿返回美国后,着手设计"克莱蒙特号",随后在流经纽约的东河上建造。1807年,"克莱蒙特号"建造完工并在哈德逊河上首次试航,仅用了32个小时就从纽约驶到奥尔巴尼市,速度达到每小时8千米。此后该船定期往返于两地,接送乘客。1808年,美国工程师约翰·史蒂文斯(1749～1838年)设计制造的"凤凰号"明轮翼蒸汽船在特拉华河上首航并出海,运行240千米,从纽约到达费城。

1812年,苏格兰工程师亨利·贝尔(1767～1830年)建造重达30吨的"彗星号"蒸汽船,取得大的突破。之后,在克莱德河上定期航行,开启了欧洲蒸汽船航运的时代。在长达8年的时间里,"彗星号"一直定期往返于格拉斯哥与海伦斯堡之间用于客货运,直到1820年失事损毁。1814年,美国国家河流管理负责人亨利·施里夫(1785～1851年)专门为密西西比州与俄亥俄州境内的河道设计建造浅吃水货轮,并采用高压蒸汽机引擎作为动力。同年,富尔顿建造的"富尔顿一世号"下水,用做沿海防御战舰,并成为世界上第一艘蒸汽军舰。

1838年,英国工程师伊桑巴德·布鲁内尔(1806～1859年)建造远洋蒸汽明轮船。同年,两家英国蒸汽船制造商同时派出远洋蒸汽船首航纽约。布鲁内尔的"大西部号",通过14天的航行,仅比早4天出发的"天狼星号"晚了几个小时成功到达目的地。随着时间的推移,蒸汽船推进装置逐步演化为推进器驱动船,1845年,采用该推进器的"大不列颠号"成功跨越大西洋。蒸汽船主宰了整个海运,直到20世纪航海用柴油机发展起来,蒸汽船才逐步退出历史舞台。

焦耳与能量守恒定律

焦耳一生致力于能量、热功当量研究的时间超过 40 年，为热运动与其他运动的相互转换、运动守恒等问题，提供了无可置疑的证据。国际物理学界为了纪念他的贡献，把"焦耳"作为功的单位，把论述通电导体热的定律命名为焦耳定律。

焦耳 (1818 ～ 1889 年)，出生在曼彻斯特的一个酿酒师家庭。他对物理、化学有浓厚的兴趣。焦耳还专门向化学家道尔顿请教，从他那里获得不少基础理论知识。同时，他也非常重视实验。1840 年前后，焦耳开始做通电导体发热方面的实验。他的实验设计如下：准备一根金属丝，并测出其电阻，然后将其连接安培计，接通电源插入水中。这时注意准确测定通电时间和水升温的度数，并适时读出安培计显示的电流强度，最后通过计算得出电流做的功和水由此获得的热量。实验事实表明，电能和热能之间可以相互转化。通过整理该实验的精确数据，焦耳发现其中的固有规律：电流通过产生的热能与电流强度的平方、用电器电阻以及通电时间长短成正比。

焦耳很快就又投入到各种机械能相互转化的实验中。比如，他曾通过测量在水中旋转的电磁体做的功和运动线圈产生的热量，得出消耗的功和产生的热量跟感应电流的强度的平方成正比关系。之后焦耳又做了许多类似的实验，逐渐发现自然界的能量既不能产生也不能消失，只能在各种存在形式之间相互转化。他还断定，热也是一种能量形式。这一论断强烈地冲击着当时科学界流行的"热质说"。

热质说可以解释温度不同的物体接触时，温度高的物体温度下降而低温物体温度上升的现象，它认为那是因为热质从高温物体流向低温物体。可是，相互碰撞摩擦的物体同时升温，热质是怎么创造出来的呢？热质说不能自圆其说，而焦耳的"热是一种能量形式"的说法却可以轻松地解决这一问题，但由于先入为主，热质说仍然很有市场。

焦耳坚持不懈，继续做有关实验，最终以更多、更翔实的实验数据测得热功当量为 460 千克米／千卡，与今天物理学使用的 473 千克米／千卡已经很接近了。在铁的事实面前，焦耳的反对派（如威廉·汤姆生）不得不承认热功当量说。最后，还是焦耳和汤姆生共同完成了对能量守恒定律的精确表述。

焦耳一生致力于能量、热功当量研究的时间超过 40 年，取得大量成果。这些成就多集中在他的专著，如《论磁电的热效应和热的机械值》、《关于伏打电产生的热》等。

1889 年 10 月 11 日，焦耳逝世。国际物理学界为了纪念他在物理学领域的贡献，把"焦耳"作为功的单位，把论述通电导体热的定律命名为焦耳定律。

水涡轮机的发明与改进

　　水轮是最早的能提供动力的机器之一，并且一直到 19 世纪蒸汽机出现后，才逐步为后者所取代。但是还有另外一种利用水能的机器，即水涡轮机。

　　1824 年，法国工程师克劳德·波尔丁（1790～1873 年）创造了"涡轮机"一词。早期对涡轮机的改进大多在法国完成。1826 年，波尔丁的学生班诺特·富尔内隆（1802～1867 年）在 6000 法郎奖金的激励下投身于涡轮机的设计之中，并于 1833 年设计出实用涡轮机，从而赢得了这一奖项。该涡轮机为外流式涡轮机，具有 30 片 30 厘米长的叶片，每分钟旋转 2000 转，并能够提供 50 马力（37285 牛顿）的动力输出。1855 年，大型富尔内隆涡轮机问世，该机器能够提供 800 马力（596560 牛顿）的输出动力。

　　大约 1820 年，法国数学家、工程师让·维克多·彭斯莱（1788～1867 年）发明了离心涡轮机，他将叶片设计在轮轴附近，水流由中心冲入涡轮，但最终，由萨缪尔·豪德于 1838 年在美国取得专利权。1840 年，爱尔兰裔英国人詹姆士·汤姆森（1822～1892 年）设计出能够控制涡轮机内部水流方向的方法。1844 年，美国工程师乌利亚·博伊登（1804～1879 年）进一步改进了汤姆森的这一设计。随后，汤姆森于 1850 年在贝尔法斯特取得这一设计的专利权。该涡轮机有水平放置的涡轮，由威廉森兄弟在英国建造。

　　现代涡轮机主要分为三类，分别以其发明人的名字命名。美籍英裔工程师詹姆士·弗朗西斯（1815～1892 年）于 1849 年发明弗朗西斯涡轮机，这是一种反作用涡轮机，有闭合的叶片——一个没入式水平放置的涡轮最多有 24 片弯曲的叶片，其外围有一套导管系统，使水流流向叶片。在中等水压情况下，该涡轮机效率最高。

　　佩尔顿水轮机于 1870 年由美国工程师莱斯特·佩尔顿（1829～1908 年）发明。佩尔顿对曾用于驱动加利福尼亚金矿的采矿机械的水车做了改进，该水轮机属于冲击式水轮机，水流由一个喷嘴喷出，冲击斗状叶片，由此使水轮机旋转。它的涡轮组垂直地装在一根水平轴上，在高压水流下效率最高。1880 年，佩尔顿取得该水涡轮专利权，不久便将专利权转卖给旧金山佩尔顿水轮机公司。当代佩尔顿水轮机的能量转化效率已达到 90%。

　　1913 年，奥地利机械工程师维克多·卡普兰（1876～1934 年）发明卡普兰涡轮机，又称低压转桨式涡轮机，也属反作用涡轮机，专门用于低流速水流，由 8 片倾斜度不同的叶片组成，如同垂直安装的轮船推进器，不同之处在于二者轴向恰好相互垂直。这也是今日各个水电站以及潮汐发电站水轮机组中最常用的涡轮机类型。

孟德尔与遗传学

今天，遗传学已经成为一门主要的科学学科，广泛应用于农业、生物学、医学甚至法律等领域。但是这门热门学科发展的开端却是在奥地利一个偏僻的修道院的菜园，当时，格里格·孟德尔通过种植豌豆进行遗传学室验。

●格里格·孟德尔原名约翰·孟德尔，1843 年进入修道院后才更名。他的豌豆种植试验奠定了现代遗传学的基础。

格里格·孟德尔（1822 ～ 1884 年）出生于奥地利西里西亚地区的海因茨多夫（今捷克海因斯地区）。1843 年，孟德尔在大学里完成学业后，成为圣奥古斯丁教信徒，并于 1868 年成为布尔诺修道院院长。从 1856 年起，孟德尔逐渐对杂交繁殖产生了浓厚的兴趣，并开始栽培豌豆。在接下来的 6 年当中，孟德尔共种植豌豆约 3 万余株，期间，他通过人工授精的办法，将一株豌豆花中的花粉涂抹到另一株豌豆花上。例如他将高豌豆苗与矮豌豆苗两种不同类型的杂交，随后计算其后代高、矮豌豆植株的数目。他发现第一代均为高植株，但是第二代则既有高也有矮植株，数量比恰好为 3 ：1。

孟德尔得出结论，认为所有的植物都接收两套遗传因子，分别来自亲代双方。在上述豌豆的例子中，第一代的每棵植株都从亲代中获得一套高遗传因子和一套矮遗传因子，但所有的植株均表现为高植株，是因为高遗传因子是显性的，而矮遗传因子则是隐性的。只有当两套隐性因子同时出现在单棵植株中时，才能表现隐性特征，这也正是第二代出现矮植株的原因。

依据这些观察，孟德尔推导出两条定律，其中，分离定律指出：两套遗传因子独立地控制各自的遗传性状，并将其传给分离的生殖细胞（卵子和精子）。而独立分配定律则指出：在生殖细胞形成时，成对的遗传因子能够各自独立遗传。1865 年，孟德尔将实验结果报告送给布尔诺自然历史学会，并于一年后在学会的刊物中发表。然而，当时并没有人注意孟德尔的研究成果，不过他对植物研究的热情并未就此消退，但修道院事务日渐繁忙，孟德尔不得不将主要精力投入修道院的管理等方面。

大 事 记
1856 年 孟德尔开始豌豆种植实验
1865 年 孟德尔向布尔诺自然历史学会递交实验报告
1866 年 孟德尔发表自己的实验结果
1900 年 德·弗里斯、科伦斯以及切尔马克·塞塞内格三位科学家均证实孟德尔结论的正确性。

　　孟德尔提出的遗传因子就是现在常说的等位基因，是基因的一种形式。有机体任何一个体细胞内的每一个基因均由两个等位基因组成：一个来自父体，一个来自母体，在一条染色体上占据同样的位置。通常一套等位基因是显性，另一套是隐性。一个生殖细胞（又称"合子"），即卵子与精子，均只含有一套等位基因。当精子与卵子结合形成受精卵时，两套等位基因在新个体中结合，新个体则继承亲代双方的性状，新个体的外表取决于何种性状是显性的。

　　19世纪90年代，孟德尔去世后，欧洲一些科学家也开始各自独立地研究植物的遗传现象。其中荷兰植物学家雨果·德·弗里斯(1848～1935年)得到了与孟德尔一致的结论，一次偶然的机会使它看到了孟德尔所发表的论文，这促使其于1900年宣布自己的结果。德·弗里斯的论文又激发了德国植物学家卡尔·科伦斯(1864～1933年)以及奥地利生物学家埃里克·冯·切尔马克·塞塞内格(1871～1962年)等人发表自己的观察发现。这些发现均从不同程度上证实孟德尔多年之前的结论是正确的。由此，这4位科学家奠定了遗传学的基础。

　　本页图表为孟德尔所做的豌豆实验，显示了遗传的规律。将紫色花朵的豌豆植株与白色花朵的豌豆植株杂交，获得杂交种子后种植产生第一代杂交体，生物学上称之为"F₁表现型"（由于自身基因的组成而造成的动植物的外观）。F₁代所有的花朵均为紫色，这可以解释为紫色的等位基因A是显性，而白色的等位基因a则是隐性。随后让F₁代自交，获得的种子种植后，得到两种颜色均包括的花，但紫色、白色花朵比例为3：1，这是因为F₂代基因型中1/4为AA型，表现为紫色；2/4表现为Aa型，同样表现为紫色；另有1/4为aa型，则表现为白色。白色的性状仅在两套隐性基因(a)共同存在的情况下才会表现。

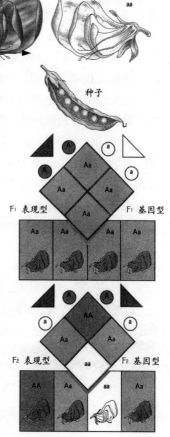

　　有时，某些性状的遗传基因可能位于一条染色体上（对于哺乳动物而言即X，Y染色体）。例如，位于X染色体上的某段基因可以有效防止色盲的产生。但当一条等位基因存在缺陷时，情况则会多有变化。患色盲症的病人当中，男性比例较高，其原因就在于男性染色体组中仅包含1条X染色体，而女性染色体组中则包含两条X染色体，因此男性患该病症的概率要比女性大得多。血友病也是同样的状况。

●右图显示的是如何运用孟德尔遗传定律预测紫色花朵豌豆与白色花朵豌豆的杂交结果的。紫色花基因为显性基因，因此杂交后第一代（即F₁表现型）产生的花朵均为紫色。但是当F₁代自交后，杂交第二代（即F₂表现型）则既有紫色花朵又有白色花朵，其比例恰为3：1。

改变世界的电报

电报技术是除人声之外的首项远距离即时通信技术。在此之前，人们曾使用视觉信号作为即时通信媒介，如美洲土著人使用的烟信号、英国海军使用的旗语等，而后者则与铁路信号较为相似。

昏暗与低能见度使视觉信号毫无用处。但当条件合适，视觉信号却是最快捷的通信方式——它在发送人与接收人之间以光速传播。其次，沿着导线传播的电流也能达到很快的速度。1804 年，意大利物理学家亚历山德罗·伏打（1745～1827 年）发明电池后不久，加泰罗尼亚科学家唐·弗朗西斯科·沙尔瓦·康皮奥（1751～1828 年）设计出 25 线电解电报机，其每一根导线均代表字母表中的一

大 事 记	
1804 年	25 线电解电报被发明
1816 年	两线电解电报被发明
1829 年	改进式电磁石被发明
1833 年	两线单针式电报被发明
1838 年	单线电磁电报被发明
1855 年	单传打字电报被发明

个字母（除了"K"以外），并连接到一管酸溶液中的一个电极上，一根导线在溶液管内与其他电极相互连接，并绕回到发报者处，当发报者将这根导线及其他导线中的一根与电池相连时，电流在接收者这端引发水的电解反应，于是在电极上出现水泡，接收者只需查询冒泡电线所代表的字母即可获取电报内容。

1809 年，德国物理学家萨缪尔·冯·萨墨林（1755～1830 年）设计制造类似原理的电解电报，共使用 35 根电线，能够在 3 千米之内进行即时通信。随后，1816 年，英国发明家弗朗西斯·罗纳德斯（1788～1873 年）改进了萨墨林的系统，使其只需要两根电线即可。随后他将这一发明献给英国皇家海军，但海军军官们却不为所动，依旧使用古老的旗语进行即时通信。

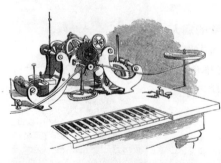

●1855 年，大卫·休斯发明的打字电报机的键盘非常像钢琴键盘，能够在纸带上逐字符打印信息。

物理学方面的一个个重大发现进一步推动了电报的发展。1820 年，丹麦物理学家汉斯·奥斯特（1777～1851 年）发现通电导线产生的磁场使得附近的指南针发生偏转。1829 年，美国物理学家约瑟夫·亨利（1797～1878 年）制造了强力电磁石，具有很大的提升力。1835 年，亨利制作了一个实验性电报机，用电脉冲代表字符代码。接收端的电磁石与电脉冲作用，导致一块小铁片发出清脆的"嘀嗒"声。之后，

●图为位于伦敦的一家电报事务所，同时也是除商店、工厂外最早雇佣女工的机构。

美国发明家萨缪尔·莫尔斯(1791～1872年)改进了亨利的这一设计。

与此同时，1832年，俄罗斯发明家帕维尔·希林(1786～1837年)利用奥斯特的发现，制造了首台磁化针式电报，它共使用6根电线，电流磁化线圈，产生磁场，使安装在其上方的磁针偏转。希林的发明在圣彼得堡之外几乎不为人所知，但是德国物理学家卡尔·高斯(1777～1855年)以及威赫姆·韦伯(1804～1891年)得知希林的发明后，对此进行改进，并于1833年成功使用两线单针电报把信号发送到3千米之外。4年后，英国物理学家威廉·库克(1806～1879年)以及查尔斯·惠斯通(1802～1875年)取得针式电报机的专利权，该电报机有5根指针，指示着钻石形板上不同的字母组合，它共需6根导线——5根导线连接5根指针，另有1根用于电流回路。1838年，大西部铁路线的一段安装了该电报机。1854年，该电报机减少到3根导线；而1845年经过改进的电报接收机仅需要1根指针，大大简化了电报机结构。到1852年，全长约6500千米的英国铁路线全部装备了这一电报通信系统。

1838年，莫尔斯演示了他发明的单线电报机，并于1844年首次将其应用于商业领域，在华盛顿至巴尔的摩全长60千米的铁路线上安装了莫尔斯电报机。莫尔斯电报机仅仅是在亨利的想法的基础上做了小小的改进，他的贡献在于发明了"点"与"划"的编码方式，即"莫尔斯电码"。很快，这一编码便广泛应用于电报信息传递领域（稍后出现的无线电通信也同样使用莫尔斯电码）。莫尔斯电码最终版本的完善工作主要是由莫尔斯的助手阿尔弗雷德·维尔(1807～1859年)完成的。

很快，电报线缆便覆盖了北美洲以及欧洲的绝大部分地区。之后又将铺设工作转向水下，如1845年横跨纽约港的水下电报线缆以及1851年横跨英吉利海峡的水下电报线缆等。1855年，美籍英裔发明家大卫·休斯(1831～1900年)发明单传打字电报机，发报者只需轻击键盘，收报端一台相似的机器就能自动将接收的信息打印出来。1856年，纽约密西西比河流域打印电报公司正式更名为西部联盟电报公司，以表示连接横跨美国东西部的电报线网络。从此，电报成为国内国际通行的主要即时通信媒介，直到后来被电话以及无线电通信替代为止。

潜水艇的改进与应用

　　人类建造潜水艇的尝试可追溯到约 1620 年，荷兰人科尼利斯·德雷贝尔（1572 ~ 1633 年）将划艇覆以涂满油脂的皮革，有一个供船桨伸出的覆盖着革质薄膜的防水孔，在伦敦泰晤士河水下，他向其资助人英国国王詹姆士一世展示了该潜水艇。

　　继德雷贝尔之后，有较为详细记载的制造潜水艇的尝试发生在北美。1776 年，还是学生的大卫·布什内尔（约 1742 ~ 1824 年）建造了桶形单人潜水艇"海龟号"。该潜水艇具有一个方向舵，两个手动操纵推进器，其中一个用于控制上下运动，另一个则用于控制向前运动。另外还包括一个手动排水泵，用于将水舱内的水排出，以浮出水面。同时，"海龟号"外侧则安了一个装满火药的容器，

大 事 记	
1620 年	试验性木制潜水艇问世
1776 年	布什内尔的"海龟号"问世
1801 年	富尔顿式潜水艇问世
1863 年	汉利式潜水艇问世
1897 年	远洋潜水艇问世
1898 年	霍兰潜水艇问世

能够连到敌舰船体上。同时"海龟号"还设计了数个钓钩，用绳索连接到潜水艇内部，用做钩锁其他舰船等。布什内尔的潜水艇在美国独立战争时期下水测试，并准备攻击纽约港的英国军舰，不过还是以失败告终。

●大卫·布什内尔的"海龟号"属于原始潜水艇，潜水艇内必须灌入足够的空气以供潜水员在水下停留约 30 分钟。

　　1801 年，美国工程师罗伯特·富尔顿（1765 ~ 1815 年）在法国建造的"鹦鹉螺号"是一艘更为成功的潜水艇，它是铁质框架、外覆铜板的慢速手动曲柄潜水艇，长达 6.4 米，能携带 4 人在水下停留约 3 个小时，直到氧气耗尽。在一次演示中，该潜水艇成功炸沉一艘假想的敌舰。

　　1863 年美国内战期间，工程师贺瑞斯·汉利（1823 ~ 1863 年）依照富尔顿的设计为南部联邦建造了一艘潜水艇，该潜水艇配备了炸药，需要 8 个人驱动一根长曲柄杆转动推进器。不幸的是，在第二次试验中，潜水艇沉入海底，汉利与艇上人员一起命丧大海，不过他所设计的潜水艇却于 1864 年在查尔斯顿港浮出水面并成功袭击北方邦联军舰"霍萨托尼克号"，随后因为撞锤卡在敌舰的船体上而一起沉入海底。

　　1851 年，德国士兵威廉·鲍尔(1822 ～ 1875 年)建造了"火潜者号"，该潜水艇能携带 3 人，由其中 2 名成员踩动踏车驱动潜水艇前进，但是这一设计并不成功。1855 年，他又设计建造了更大的"海恶魔号"，长达 16 米，能搭载 16 人，"海恶魔号"较为成功，沉没前共完成过 130 多次潜水。1863 年，法国工程师西蒙·布尔茹瓦设计建造了试验性潜水艇"潜水员号"，采用了能排出压缩空气的引擎。1888 年，法国迎来了潜水艇建造史上真正意义的成功，工程师古斯塔夫·泽德(1825 ～ 1891 年)为法国海军建造了"吉姆诺特号"，该潜水艇长 17 米，由功率达 51 马力的电动马达驱动 1.5 米的推进器，其在海面速度达 11 千米／小时，而水下速度也达到约 8 千米／小时。

　　另一些发明家试验使用蒸汽作为推进力建造潜水艇。由英国牧师乔治·加勒特(1852 ～ 1902 年)设计建造的"我将再起号"采用木质结构，不过它每次潜入水下之前都不得不熄灭锅炉火，利用储存的热蒸汽作为动力在水下前进。1882 年，瑞典军械商仿照加勒特的设计，建造了"诺登福特 1 号"，重达 60 吨，并携带鱼雷发射筒。

　　美籍爱尔兰裔教师约翰·霍兰(1840 ～ 1914 年)提供了潜艇推进力问题的解决方案。由纽约芬尼亚协会(该组织由一群革命者组成，目标在于谋求爱尔兰从大不列颠王国独立)出资，霍兰建造了一系列采用混合推进器的潜水艇。该类潜艇在水面航行时，采用汽油机驱动推进，而水下行进时，则使用电动马达推进器。1883 年建造的"荷兰 I 号"为单人潜艇，长达 4 米；1878 年建造的"芬尼亚撞击号"能搭乘 3 人，重 19吨。1898 年，经过一系列改进之后，"荷兰 6 号"潜水艇下水首航，该潜水艇长 16 米，能够以每小时 11 千米的速度在水下前进。同时潜水艇上还携带由英国工程师罗伯特·怀特黑德(1823 ～ 1905 年)于 1866 年发明的自推进式鱼雷，以及甲板机关枪等。1900 年，美国海军购买了这艘潜艇，后改名为"USS 荷兰号"。不久，该潜艇又配备了美国工程师西蒙·莱克(1866 ～ 1845 年)于 1902 年发明的潜望镜。后者曾于 1897 年建造远洋潜水艇"亚尔古号"。霍兰前后卖给美国海军 6 艘潜艇，并收到不少英国、日本、俄罗斯等国海军的订单。

　　1908 年，装备柴油机引擎的潜水艇在英国下水试航，完成了潜水艇的最终演化。随后柴油机成为潜水艇的标准动力装置。1955 年，美国海军订购的"鹦鹉螺号"潜艇首次采用核动力装置，成为世界上首艘核动力潜艇。

● "荷兰号"是史上第一艘实用型潜水艇，具有双重推进装置，当漂浮在水面上时，采用汽油内燃机驱动推进器前行，而处于水下后则使用电动马达驱动另一个推进器推动船体前进。

门捷列夫与元素周期表

随着电解技术的发展以及光谱技术的应用，一大批新的化学元素被逐一发现，到1869年共发现63种化学元素。同年，德米特里·门捷列夫在此基础上制作了著名的元素周期表。

1834年2月7日，德米特里·门捷列夫（1834～1907年）出生于西伯利亚的托波尔斯克市的一个中产阶级家庭，是兄弟中最小的一个，父亲为小学教师，晚年失明，母亲不得不操持其家族开办的玻璃加工厂养家糊口。门捷列夫在13岁时，父亲去世，随后家族的玻璃加工厂也毁于一场大火。但是母亲毅然决定供门捷列夫继续读书，接受良好的教育。门捷列夫不负众望，进入圣彼得堡教育学院进修，并于1855年成为一名教师。不久，他又先后进入圣彼得堡大学以及德国海德堡大学学习化学，最终回国，在圣彼得堡大学谋得职位后，1869年开始专心编写化学（当时其研究无机化学）教科书。

●德米特里·门捷列夫的元素周期表使无机化学研究领域发生重大变革，为研究原子内部结构奠定了基础。

为了从杂乱的化学元素中找到一些秩序，门捷列夫将每一种化学元素写在一张小纸片上，并写上元素符号、原子量、元素性质等，然后将它们进行排列，如同玩扑克牌一般。他按照原子量（该元素原子的平均质量）递增的顺序将这些元素排列后发现，如果每8个元素另起一行，则恰能将具有相似属性的元素排在同一列内。在每一行中，元素属性都会重复出现，由此他称这些属性为"周期性的"，于是将这一幅纵横排列的表格称之为"周期表"，也就是元素周期表。完成周期表后，门捷列夫甚至预见到元素周期表中"失踪"的元素还有待发现，同时预言了这些化学元素的化学性质与物理性质，如它们的原子量、熔点等。

1875年，法国化学家保罗·勒科克·德·布

大 事 记
1869年 门捷列夫完成化学元素周期表
1875年 勒科克·德·布瓦博德朗发现化学元素"镓"
1879年 克利夫发现化学元素"钪"
1886年 温克勒发现化学元素"锗"
1955年 门捷列夫发现放射性元素"钔"

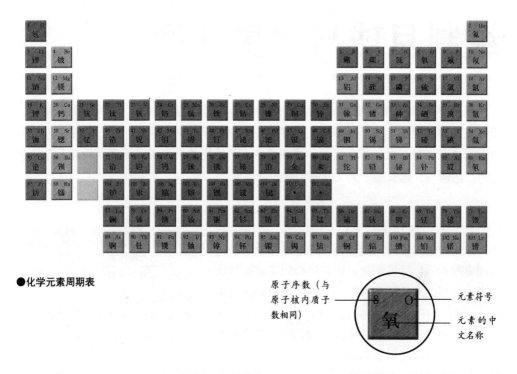

●化学元素周期表

原子序数（与原子核内质子数相同）——元素符号

元素的中文名称

瓦博德朗（1838～1912年）发现"类铝"元素（位于元素周期表铝元素的下方），并将其命名为"镓"。1879年，瑞典化学家拉尔斯·尼尔森（1840～1899年）发现"类硼"元素（位于元素周期表硼元素之下），其被命名为钪（元素符号"Sc"）。1886年，德国化学家克莱门斯·温克勒（1838～1904年）发现"类硅"元素（位于元素周期表硅元素的下方），并将其命名为"锗"（元素符号"Ge"）。门捷列夫的预言——实现。到1914年，在92号元素之前只有7个位置空缺着。

　　原子序数为元素原子中的质子数量，现代元素周期表已采用原子序数排列的方式进行排版。近代，化学家引入中子数的概念（即原子核中的中子数量），并采用原子量作为原子相对质量表征原子属性。门捷列夫创造元素周期表后无法解释元素性质的周期性排列问题，这仍有待于科学技术的发展，只有在科学家们理解原子结构，特别是理解了围绕原子核运行的电子的排列方式之后，才能解答这个问题。在20世纪中前期，化学家们逐渐意识到元素周期表事实上反映了元素的原子结构，以及电子是如何填充原子核外轨道的，因为所有的化学反应均有电子参与，特别是元素外层电子。于是元素周期表使得化学家们可以更加准确地预测哪些化学反应是可能存在的，而哪些化学反应是在实验室常态下根本就不存在的，哪些化学反应需要额外的条件例如高压、高温、催化剂等才能发生等。1955年，门捷列夫获得科学界最高荣誉，科学家将发现的第101号元素，命名为钔（元素符号"Md"），以纪念门捷列夫为科学界所做出的伟大贡献。

绘制月球与火星地图

从 1610 年伽利略将望远镜对准月球开始，天文学家们便绘制了一张张月球地图。随着天文望远镜性能的不断提升，火星也逐渐引起了天文学家的兴趣。其中，最值得注意的是意大利天文学家乔瓦尼·夏帕雷利，他绘制的火星地表图清楚地显示了火星上的"运河"，这引起了天文学家们激烈的争论。

伽利略·伽利莱（1564～1642 年）所制造的性能最佳的望远镜也只能够将月球的影像放大至肉眼视觉的 6 倍。尽管如此，他依然绘制了数张月球地表细节图，并且证实月面斑驳不平是由陨坑与山脉造成的。1645 年，佛兰德制图师迈克尔·朗格尔努斯（1600～1675 年）出版发行首张月球地表细节图，并首次使用著名天文学家、科学家的名字命名月球山脉及其他地表特征。例如，他用希腊著名天文学家尼西亚的喜帕恰斯（约公元前 190 年～前 125 年）的名字将月球表面最为显著的陨石坑命名为喜帕恰斯坑。与同一时代的其他科学家一样，他也认为月球表面暗的区域是广阔的海洋，因此将其命名为"海"。

大 事 记	
1610 年	伽利略绘制月球地表图
1645 年	朗格尔努斯出版发行首张月球地表细节图
1704 年	马拉尔蒂手绘月球冰冠图
1877 年	夏帕雷利火星地表图，显示火星"运河"
1878 年	施密特出版最后一版手绘月面图

尽管如此，科学家们对于月球表面坑的起源仍存在争议：它们是由古代月球地表火山爆发形成的，还是由彗星撞击月球表面形成的？

1836 年，英国天文学家弗朗西斯·贝利（1774～1844 年）通过描绘并分析"贝利珠"现象得出结论：月球表面存在大型山脉。日食发生时，贝利注意到，尽管月球遮住了太阳，但是在月球边缘却存在一些明亮的小点，如同一串晶莹透亮的水珠，这就是"贝利珠"现象。贝利正确解释了这一现象的成因，即太阳光线穿过月球表面高山之间的峡谷时，产生了"贝利珠"。

1839 年，法国绘画及摄影艺术先驱者路易斯·达盖尔（1787～1851 年）使用银

●伽利略于 1610 年绘制了这张布满陨石坑的月球地表图，并将该图收于其所著的《星际信使》一书中。

●这幅绘制于 1850 年的月球地图较之以前的版本已有很大改进，已经能够将浅色的陨坑以及月球表面的阴暗区（又被称为"海"）——区分并命名。该图出现在由伦敦教育出版机构出版的教学卡片上。

板照相法拍摄月球照片。随后，美籍英裔科学家约翰·德雷珀(1811～1882 年)利用银板照相法正式拍摄了几组月球照片。随着科技的进步，更快更好的照相用感光乳液问世，使得拍摄月球更容易。不过在 19 世纪末之前，根据观测手工绘制月球地表细节图的工作一直没有停止过，这其中包括德国天文学家威廉·罗曼(1796～1840 年)绘制的月球地图，以及于 1878 年出版的由德国天文学家约翰·施密特(1825～1884 年)绘制的月球地图等。20 世纪，科学家们才可以近距离拍摄月球。1945 年，美国国家信号公司使用雷达反射绘制月球地图，而更细节化的照片则分别由 20 世纪 50 年代苏联发射的"月球探测器号"以及 20 世纪 60 年代美国太空总署发射的"月神号"探测仪发回地球。

火星始终令人着迷，特别是这颗红色星球可能存在生命的说法更吸引着人们。1666 年，意大利天文学家乔瓦尼·卡西尼(1625～1712 年)首次指出：火星的南北两极存在冰盖。随后意大利制图师、天文学家吉亚克莫·马拉尔蒂(1665～1729 年)于 1704 年证实了卡西尼的结论，并手绘了火星冰盖随着火星季节的不同而变化的一系列地图（卡西尼也曾根据自己 8 年的观测绘制了一张月球地图，并在此后一个多世纪内被奉为标准参照图）。火星表面的暗区域也第一次被认为是"海"以及干涸后的"海床"。

1877 年，科学家的注意力再次转向火星这颗巨大的红色星球。意大利天文学家乔瓦尼·夏帕雷利(1835～1910 年)绘制了一张火星地表图，并用暗线着重标明了他称之为"沟壑"的区域，不过，翻译成英文后竟变成了"运河"。这使美国业余天文学家珀西瓦尔·洛威尔(1855～1916 年)却由此认为这些"河床"是"火星人"开凿的灌溉系统，用于将冰盖融化后的水运送至火星赤道附近的区域。洛威尔于 1905 年在亚利桑那州天文台拍摄了首张火星照片。现代天文学家认为火星"运河"仅仅是历史的误会，从美国于 1965 年发射的"水手四号"以及 1971 年发射的"火星号"探测器得知：火星"运河"不过是光学幻象而已。而火星两极的冰盖则主要是由处于冰冻状态的二氧化碳组成。

用电来传递声音——电话的发明

　　当今社会，电话与人们的工作、生活息息相关。人们之所以能够通过电话用真切的话语互相交谈，是因为电可以传递声音。提出这一奇想并将其付诸实践的就是电话的发明者贝尔。

　　贝尔于 1847 年 3 月 3 日诞生于英国苏格兰爱丁堡。

　　一次在做描绘声波曲线的实验中，贝尔意外地发现，每当因实验中电源开关被打开或关上，在导通和截断电流的刹那间，一个实验线圈会发出声音。假如对这一规律加以利用，使电流的变化与声波的变化一样，只要能传送出这种变化的电流，也就能够随之而送出声音。

　　贝尔立即开始做试验。他把电磁开关装在薄金属片上，然后对着薄金属片讲话。他认为，薄金属片会因为人讲话而随着声音颤动。装在金属片上的电磁开关会由于这种振动连续地开和关，而有规律的脉冲信号就这样形成了。当时贝尔还没怎么深入研究电学，因此他不知道声音的频率很高，这种方法根本不管用。

　　贝尔准备开始电话研究时，他偶然遇见了一位叫作沃特森的电气技师。沃特森非常认同贝尔关于电话的想法，他决定与贝尔合作，一起把研究搞到底。

　　1875 年 6 月 2 日这天具有非常特殊的意义。这一天，贝尔与沃特森按照惯例很早就开始工作了。他们先对机器装置作了检查，然后就来到各自的房间，沃特森与贝尔分别负责发出、接收讯号。十几个小时后，贝尔突然听到一阵断断续续的声音，他立刻放下手中的东西，起身就向隔壁沃特森所在的房间冲去。

　　贝尔对机器的结构进行了分析，思考着声音是怎么发出来的，认为膜片由于受到了沃特森发出的声音的振动，下面的 U 型永久磁铁的磁场便发生了变化，感应电流就会在绕在磁铁上的线圈中产生。通过连接 2 台机器的导线，感应电流传送到了受话器端的相同装置内的线圈，受话器永久磁铁磁场因此而发生变化，膜片也就随之而振动。贝尔知道自己终于找到了一种可以把声音变成电流的机械装置。用电来传递声音的梦想就这样变成了现实。

　　1876 年 2 月 4 日，贝尔为这种可以传送声音的机器申请了专利，并称其为"音频电报"。1877 年，贝尔电话公司经贝尔筹资正式成立，电话机的商业性生产从此开始了。

　　电话投入使用后，慢慢将其强盛的生命力展现在世人面前。1878 年，英国在贝尔的协助下建设了电话线路。1879 年，法国巴黎也实现了电话通话。到 19 世纪 80 年代初，电话交换台相继在欧洲以及美国的一些大城市建成。

细菌与疾病

19 世纪中叶，科学家们最终认识到微生物导致了绝大多数疾病，而不再将疾病归因于"邪恶的灵魂"以及"坏空气"等。随着显微镜以及实验技术的改进，科学家们逐渐能够"追踪"这些致命的微生物。

早在 1546 年，意大利内科医师吉诺拉莫·弗拉卡斯托罗（约 1478 ~ 1553 年）在他的著作《传染病与接触性传染病》中就提出：细菌是导致疾病的罪魁祸首。然而，当时没有人重视他的观点，直到 1676 年，荷兰科学家安东尼·范·列文虎克（1632 ~ 1723 年）使用自制的显微镜首次观察到细菌之后，这一观点才再次引起人们的重视。

随后，1840 年，德国病理学家雅各布·亨利（1809 ~ 1885 年）提出观点，认为寄生生物体（细菌）入侵引发了感染。这种所谓的疾病的细菌论不久由法国化学家路易斯·巴斯德（1822 ~ 1895 年）独立提出了。1884 年，丹麦内科医师汉斯·革兰（1853 ~ 1938 年）提出细菌分类的方法，依照细菌是否吸收特定染料的性质，将其分为"革兰氏阳性菌"和"革兰阴性菌"。细菌学家们又根据细菌的外形将其分为球菌（圆形）、杆菌（卵形）以及螺旋菌（螺旋形）等。

1880 年，德国细菌学家卡尔·厄博斯（1835 ~ 1926 年）发现是杆菌引发了伤寒症。同年，德国细菌学家罗伯特·科赫（1843 ~ 1910 年）发现是细菌引发了肺结核症。1897 年，德国细菌学家弗雷德里希·勒夫勒（1852 ~ 1915 年）与威廉·舒尔茨（1839 ~ 1920 年）发现动物患鼻疽病的病因。1897 年，丹麦兽医伯恩哈德·邦（1848 ~ 1932 年）发现杆菌诱使牛流产。同年，日本细菌学家志贺洁（1871 ~ 1957 年）发现地方性痢疾的病因。

引发人类疾病的寄生性微生物不仅仅只有细菌一种，原生动物也是罪魁祸首之一，如锥体虫会引发致嗜睡性脑炎及南美锥虫病（又称查格斯氏病）等疾病；阿米巴虫会引发阿米巴痢疾；疟原虫引发疟疾等。一些微小的真菌也能引发皮肤或肺部疾病。19 世纪，微生物学家发现了上述大部分微生物。

1897 年，荷兰微生物学家马提尼斯·贝叶林克（1851 ~ 1931 年）证实引发烟叶花叶病的微生物无法使用细菌过滤器"捕获"，这是人类发现的首个病毒。次年，引发牛口蹄疫的病毒被发现。从那时起，科学家们逐渐意识到很多人类疾病同病毒有关，如黄热病、流行性感冒、脊髓灰质炎、麻疹、艾滋病等。一旦科学家发现诱发某种疾病的细菌之后，便会立刻制造对抗该细菌的疫苗，因此人们能通过注射疫苗获得免疫力。但是制造病毒疫苗要比制造细菌疫苗要困难得多，迄今为止，以上提到的所有由病毒引发的疾病，除艾滋病外，其他均已获得针对性疫苗。

留声机、电灯、蓄电池的发明

当你身处电灯所带来的光明世界时，当你在享受留声机的悦耳音乐时，你知道它们的发明者吗？他就是美国著名的发明家爱迪生。他一生的发明有1000多项，其中最大的贡献就是留声机、电灯以及蓄电池。

●爱迪生像

1847年2月11日，爱迪生出生在美国俄亥俄州的米兰镇。11岁时他就因家庭贫困走出家门，挣钱糊口。他在火车上卖报时，对电学产生了浓厚兴趣，实验的种类也越来越多。在爱迪生的恳求下，列车长允许他在行李车厢的一角利用空余时间做实验。一次由于列车行驶中的震动把爱迪生的一瓶黄磷震倒了，黄磷立即燃烧了起来，幸亏扑救及时未酿成火灾。愤怒的列车长狠狠地给了爱迪生一记耳光，从此，15岁的爱迪生的右耳再也听不见声音了。

1869年爱迪生来到纽约，在一家黄金交易所找到了一份工作。他在那里发明了一种新式的商情报价机。有人出价4万美元买走了这架在交易所有用武之地的机器。爱迪生有了钱，就专心致志地走上了发明之路。1876年，爱迪生在纽约建立了自己的研究所。

爱迪生在研究所的第一项发明是电话送话器时。他在研究电话时发现了一个新奇的现象。一次，爱迪生在调试送话器，因为他耳朵听觉不好，就用一根金属针来感觉送话器膜片的震动。他发现接触在膜片上的金属针随着说话声音的振动而产生不同的震动，而且这种震动还是有规律的。爱迪生从这一现象中找到了发明的灵感，他马上想到，如果这一程序是反的，即让金属针发生有规律的震动，也许声音是可以复

●留声机的发明大大丰富了人们的精神生活。

制出来的。怎样才能把这细小的颤动记录下来呢？经过四天实验，他把钢针尖固定在锡箔上滑动，刻下深浅不一的纹路。又经过反复实验，他终于发明了会说话的机器——留声机。1878年2月，30岁的爱迪生获得了这项发明的专利权。

●加拿大多伦多市中心的万家灯火，显示人们对电的依赖性有多大。

1878年秋天，在法国巴黎的世界博览会上，爱迪生发明的留声机获得了发明奖。在这次博览会上，俄国工程师发明的"电烛"也引起了很大的轰动。以前，人们一直用煤气灯、蜡烛或者油灯照明，但这些灯会产生黑烟而且照明效果也不理想。所以，包括爱迪生在内的许多科学家很早就开始研究，想试制经济实用的照明用具。

为了攻克经济家用的照明灯具这一难题，爱迪生的又投入研究工作中了。他了解到，发明弧光灯的戴维做过一个实验，让电流通过白金丝，白金丝会发光，但是白金丝很快就会被烧光。爱迪生经过反复研究认为，只要解决戴维的弧光灯实验中的白金丝的发光寿命问题，白炽灯就有成功的可能。所以关键是要找到一种电阻小又耐高温的材料。他试着用寸把长的纸条烧成炭来做灯丝。当把电源接上时，这条烧成炭的纸亮了一下就断了。通过仔细研究，他发现空气中的氧气在电流接通的高温条件下瞬间就将灯丝氧化掉了。他决定先在改进灯丝和把灯泡抽成真空这两方面入手。1879年10月21日，人类历史上第一盏具有实用价值的电灯在爱迪生的实验室中诞生了。这只灯泡亮了45个小时，后来爱迪生又将灯丝换成用竹丝烧成的炭丝，这种竹丝做的灯泡整整亮了1200个小时。今天，我们使用的电灯泡是用钨丝做成的灯丝，它是20世纪初由奥地利的两位科学家发明的。

爱迪生一生发明的东西很多，最费时间和心血的是蓄电池。他在10年的时间里，做了5万多次实验才研制成功。他以氢氧化钾水替代硫酸溶液，用镍和铁代替铅，制造出了新的蓄电池。这种镍铁碱性蓄电池克服了铅硫酸蓄电池的缺点，经久耐用又轻便。爱迪生把电池装在各种车辆上，在各种道路上进行反复试验，最后试验的结果证明这种电池的抗震性很强，他这才放心地把这种蓄电池投入到市场。在使用中，他又因新蓄电池有漏电的缺点而下令停产改进。又经过了5年的努力，比较理想的蓄电池终于问世。

●19世纪的蓄电池

●爱迪生发明的灯泡

●爱迪生发明的留声机

内燃机的发明与改进

工业革命时代，蒸汽机是最主要的动力来源，燃料的燃烧是为了将水煮沸产生蒸汽，这一过程发生在蒸汽机本身之外，因此那时的蒸汽机是典型的外燃机。然而，如果让燃料直接在汽缸内燃烧，将更高效，这就是内燃机的原理。

1859 年，比利时工程师埃迪内·莱诺（1822～1900 年）成功制造出首台燃料在机器内部燃烧的发动机。该发动机采用煤气作为燃料，将煤气与空气混合后，依靠活塞运动吸入汽缸。随后，当活塞运行到汽缸一半的位置时，使用电火花点燃煤气与空气混合物，产生爆炸，迫使活塞返回冲程底端。而当活塞返回时，活塞的另一端又会吸入煤气与空气混合物。这一系列过程不断地重复，便持续向外提供动力，因此该引擎称为"双动引擎"。该引擎

大 事 记
1859 年 煤气内燃机问世
1876 年 四冲程内燃机问世
1878 年 二冲程内燃机问世
1885 年 汽油内燃机问世
1892 年 柴油内燃机问世
1929 年 汪克尔内燃机（又称旋转式内燃机）问世

仅能达到每分钟 200 转的低转速，输出功率达到 1 马力。因为该内燃机二次活塞往返运动非常剧烈，所以需要较重的飞轮来保持稳定。

1862 年，法国工程师阿方斯·博·德·罗夏（1815～1893 年）取得四冲程内燃机专利，但他当时并未建造实体四冲程内燃机，而仅仅完成了设计工作。因此，当专利过期时，罗夏的想法被自学成才的德国工程师尼库劳斯·奥托（1832～1891 年）采纳，后者则于 1876 年建造了世界上首台水平四冲程气体引擎，这台四冲程气体引擎的汽缸有一个

●奥托于 1876 年发明的四冲程气体引擎。同莱诺的早期引擎一样，奥托引擎也需要一个大的飞轮来平衡剧烈的晃动。一条宽的传送带绕在小轮上提供最终的动力输出。

孔，用于让火焰引燃燃料与空气混合物。引擎能够达到每分钟 180 转的转速，输出功率达 3 马力。在当时很长一段时间内，人们将四冲程循环称为"奥托循环"，它们是现代内燃机的工作原理。

当时，奥托内燃机依然使用煤气作为燃料，直到 1867 年奥地利工程师西格弗里德·马库斯（1831～1898 年）发明汽化器，使得气化液态汽油成为可能，很快，气化汽油与空气的混合燃料便成为内燃机的主要燃料。1885 年，两位曾为奥托工作的德国工程师卡尔·本茨

(1844～1929年)与格特利普·戴姆勒(1834～1900年)各自独立发明汽油内燃机，并将这两种内燃机安装到当时的汽车与摩托车上。戴姆勒设计的内燃机能够达到每分钟900转的转速，使用红热状态的白金管点燃燃料，同时还采用了由戴姆勒的合作伙伴、德国工程师威廉·迈巴赫(1846～1929年)发明的新式表面汽化器——迫使一股气体流越过汽油表面产生油－气混合物。本茨设计的内燃机转速仅能达到每分钟250转，它所能提供的动力输出也不到1马力，但是本茨设计的汽车却有了许多现代特征，包括由电池驱动的线圈点火装置以及分流器等。

到19世纪末，随着热力学的发展，科学家在更加详尽地分析了内燃机的主要工作原理之后大胆预言：如果合适的燃料与空气的混合物在足够热、压力足够大的情况下，能够不需要火花而自发燃烧。英国人赫伯特·斯图尔特(1864～1927年)首先将这一想法付诸实施，他设计了以前被称为压燃式引擎的发动机，于1890年取得专利。两年后，德国发明家鲁道夫·狄塞尔(1858～1913年)也取得了类似内燃机的专利权。1897年，他又正式演示了该内燃机，从此，这类内燃机又被称为狄塞尔内燃机，即柴油发动机。

柴油发动机在许多应用方面都具有一定的优势，首先因为柴油不需要精炼，所以价格比汽油低很多，其次柴油较黏稠，且其原油产品较之汽油不易燃，较为安全，而且不需要火花塞或相关点火装置的柴油机其能量转化率可达到35%，而最好的汽油内燃机的转化率却仅为25%。当然，这同理论上理想内燃机的最大转化效率67%相比，还有相当距离。

至今，内燃机系统的变革仍尚未完成。与之前的蒸汽机一样，早期汽油发动机及所有柴油机都是往复活塞式内燃机，振荡活塞的上下运动(或者左右运动)必须转换为旋转运动才能应用于实际。

1929年，德国工程师弗里克斯·汪克尔取得了革命内燃机的发明专利，之所以这样称呼，是因为它是真正的旋转式发动机。这种发动机的第一台原型制造于1956年。一台汪克尔引擎有一个转子(像边缘稍有弧度的三角形)在一个汽缸中旋转。其中包含的几何结构创造出三个分离的区域(可以视为燃烧室)。这种引擎有四冲程，使用了1～2个火花塞及两个孔。当然，也有一些发展得较成功的"旋转"汽油发动机，比如用于飞机推进器驱动力来源的某些发动机。

●德国发明家卡尔·本茨和他的助手约瑟夫·布莱西特坐在1885年生产的"奔驰1号"汽车上。该汽车产于德国曼海姆，是第一批向大众销售的机动车辆。

诺贝尔和安全炸药

　　黑火药是中国古代四大发明之一，俗称火药。黑火药发明后，阿拉伯人将这一技术传入了欧洲，一直就用到 19 世纪。在使用过程中，人们发现黑火药有致命的弱点：威力不大，而且不容易引爆。为了满足飞速发展的工业的需要，科学家们开始寻找一种新的爆破动力，而在这一领域做出杰出贡献的当属瑞典科学家阿尔弗雷德·伯纳德·诺贝尔。

　　诺贝尔，全名阿尔弗雷德·伯纳德·诺贝尔，1833 年 10 月 21 日出生在瑞典首都斯德哥尔摩。幼年的诺贝尔家境贫苦，但受作为发明家的父亲的影响，热衷于发明创造。

　　诺贝尔从小勤奋好学，虽然只接受过一年的正规学校教育，但他精通英、法、德、俄、瑞典等多国语言，甚至可以用外文写作，其自学能力可见一斑。不只在外语，在发明领域小诺贝尔的学习劲头更足，他可以连续几个小时观察父亲的实验。

　　在诺贝尔 9 岁的那一年，父亲带他去了俄国，并为其聘请了家庭教师，教授小诺贝尔数、理、化方面的基础知识，为他日后搞发明打下了基础。同时，诺贝尔在学习之余在父亲开的工厂里帮助。这使他的动手能力进一步增强，并具备了生产和管理方面的知识和经验。

●瑞典化学家诺贝尔

他发明的安全炸药为人们在生产领域提供了很大的方便。但它的另一个副作用就是促进了战争的升级。

　　当时由于工业革命的开展和深入刺激了能源、铁路等基础工业部门发展。为了提高挖掘铁、煤、土石的速度，工人频繁地使用炸药，但当时的炸药无论是威力，还是安全性能都不尽人意。意大利人索布雷罗于 1846 年合成了威力较大的硝化甘油，可惜安全性太差。那时又盛传法国人也在研制性能优良的炸药，这一切促使诺贝尔的注意力转移到炸药上来。

　　1859 年，在家庭教师西宁那里，诺贝尔第一次见识了硝化甘油。西宁把少许硝化甘油倒在铁砧上，再用铁锤一敲便诱发了强烈的爆炸。诺贝尔对硝化甘油做了进一步分析，发现无论是高温加热还是重力冲击均可以导致其爆炸，他开始为寻求一种安全的引爆装置而忙碌。经过无数次实验，最后他发现若是把水银溶于浓硝酸中，再加入一定量的酒精，便可生成雷酸汞，这种

●硝化甘油
它具有威力大的特点，但缺点是体积大，运输不便。

物质的爆炸力和敏感度都很大，可以作为引爆硝酸甘油的物质。

用雷酸汞制成的引爆装置装到硝酸甘油的炸药实体上，诺贝尔亲自点燃导火索，只听"轰！"的一声巨响，实验室的各种器物到处乱飞，他本人已被炸得血肉模糊。从废墟中爬出来他用尽最后一点气力说："我成功了。"然后就昏死过去。科学的进程是如此悲壮！不管怎样，雷酸汞雷管发明成功，他在1864年申请了这项专利。很快，诺贝尔的发明传播开来，用于开矿、筑路等工程项目中，大大减轻了工人们的挖掘强度，工程进度也快了许多。正当人们沉浸在炸药给生活带来的幸福之中时，灾难却向诺贝尔一家袭来。

1864年9月3日，诺贝尔的弟弟埃米尔和另外4名工人在实验中被炸身亡，不久年迈的老诺贝尔因经不起丧子之痛含悲而逝。诺贝尔强忍臣大悲痛，在斯德哥尔摩郊外采点设厂，开始整批地生产硝化甘油。但世界各地的爆炸事故接连不断，有些国家的政府为此甚至禁止制造、运输和贮藏硝化甘油，这给诺贝尔的事业带来极大的困难。经过慎重考虑，诺贝尔决定赴美国加利福尼亚就地生产硝化甘油，并研制安全炸药。在试验中，他分析了一些物质的性质，认为用多孔蓬松的物质吸收硝化甘油，可以降低危险性，最后设定25%的硅藻土吸收75%的硝化甘油就可形成安全性很高的炸药。

●火箭燃料
它是炸药的一种，虽然其爆炸威力小，但燃烧充分。

威力强劲、使用安全的猛炸药的出现，使黑色火药逐步退出了历史舞台，堪称炸药史上的里程碑。诺贝尔在随后的几年里，又发明了威力更大、更安全的新型炸药——炸胶。1887年燃烧充分、极少烟雾残渣的无烟炸药在诺贝尔实验室诞生了。

循着威力更大、更安全和更符合人的需要的原则，诺贝尔在发明炸药道路坚定不移地走下去，为人类的进步做出了杰出的贡献，受到后人的尊敬。

●一般焰火
这是最原始的炸药，威力小，几乎没有实用价值。

电的来源

1800 年以前，科学家们只知道电是静态的或固定的，这些静电包括物体上所载的正电荷或负电荷，通常静电都是由摩擦产生的。随着一个意大利贵族制造出电流，电的发展便掀开了新的一页。

●早期的勒克朗谢电池与现代多数的干电池工作的化学原理一样。电池含有一个锌负极和一个碳正极。

1791 年，意大利物理学家、解剖学教授贾法尼（1737 ~ 1798 年）报道了"动物电"——在解剖一只死青蛙时，他发现当用两种金属片触到青蛙时，它会抽搐。1800 年，意大利物理学家亚历山德罗·伏打（1745 ~ 1827 年）用盐溶液浸泡过的纸板代替动物组织进行实验。纸板一端放一块铜片或银片，另一端放一块锌片，当用导线将两块金属片连接起来时，导线中就有了电流。后来，他把许多这样的板堆叠，以此获得更高的电压，这就是伏打电堆，是世界上首个真正的电池。

今天，科学家把伏打发明的电池称作原电池，所用的金属片叫作电极，而金属片之间的溶液叫作电解液。1836 年，英国化学家约翰·丹尼尔（1790 ~ 1845 年）制造出一种效率更高的原电池，该电池包含一根插入稀硫酸中的锌棒电极，稀硫酸装在多孔的陶罐中。陶罐浸入一个装着硫酸铜溶液的铜质容器（作为另一电极）中。当用金属线连接两个电极后，电流从铜质容器（正极）流向锌棒（负极）。丹尼尔电池可产生较伏打电池更稳定的电流，并解决了电池极化的问题，即在铜质电极上会聚焦大量的氢气气泡群，这会阻止电子的流动，最终使伏打电池停止工作。

法国工程师乔治·勒克朗谢（1839 ~ 1882 年）于 1866 年发明了勒克朗谢干电池，同样解决了伏打电池的极化问题。勒克朗谢干电池负极也是锌棒，但锌棒是浸在氯化铵电解液中。正极是被二氧化锰粉末包裹的碳棒。电池产生的电压约有 1.5 伏。今天我们日常生活中用的干电池包含相同的构成，电解液为氯化铵胶糊，外壳为锌筒，二氧化锰包裹的碳棒位于锌筒的中心位置。

德国化学家罗伯特·本生（1811 ~ 1899 年）

大 事 记
1800 年 伏打电堆问世
1836 年 丹尼尔电池问世
1866 年 勒克朗谢电池问世
1872 年 克拉克标准电池问世
1893 年 韦斯顿镉电池问世
1900 年 镍铁蓄电池问世

●亚历山德罗·伏打抓住每个机会向人们介绍他的新型电池——伏打电堆。图中，他正在向年轻的法国皇帝拿破仑一世展示他的电池。

也发明了锌－碳原电池，电池采用酸作电解液，能产生 1.9 伏的电压。1893 年，英裔美国电气工程师爱德华·韦斯顿（1850～1936 年）发明了镉电池，该电池可产生 1.0186 伏的电压，1908 年，科学委员会正式将其作为标准电压。韦斯顿标准电池的负极为汞，正极是镉－汞金属的混合物，电解液是硫酸镉溶液。在这 21 年前，即 1872 年，英国电气工程师约西亚·克拉克（1822～1898 年）发明了克拉克标准电池，该电池负极采用锌代替镉。

原电池放电完全后，就会停止工作，电池也就废掉了。与原电池不同的一类电池，名称很多，比如二次电池、存储电池，或蓄电池，这一类的电池可以通过充电重复使用。1859 年，法国化学家加斯东·普朗特（1834～1889 年）发明了铅酸蓄电池。铅酸蓄电池是最早的蓄电池，今天仍最为常用。铅酸蓄电池电解液为稀硫酸，铅或"铅板"作为负极，另一块覆盖了氧化铅的铅板作为正极。这种铅酸蓄电池被用在大多数汽车上。1900 年，美国发明家托马斯·爱迪生（1847～1931 年）发明了碱性镍铁蓄电池，这是另一种类型的蓄电池。任意蓄电池放电完毕后，可以用直流电源对电池充电。例如，汽车电动机还在运转时，蓄电池就会继续充电。

无论是原电池还是二次电池，它们都是将化学能转化为电能。正是因为此过程的存在，就会不断地消耗电极材料或电解液。1839 年，威尔士物理学家兼法官威廉·格莱夫（1811～1896 年）在一项实验中发现了第一种燃料电池，他通过将水的电解过程逆转而发现了燃料电池的原理，能够从氢气和氧气中获取电能，通过氢和氧的化合生电，其唯一的副产品是无害的水蒸气。燃料电池能够将燃料所含的化学能直接转化为电能。

在所有这些前面介绍的科学家中，我们应该记住这样一个名字——亚历山德罗·伏打。1905 年，国际电气学会为纪念他的成就，根据他的名字，将"伏特"作为国际单位制（SI）中电势的基本单位。

收音机的发明

无线电通讯借助电磁辐射也即电磁波进行信号的传送与接收，电磁波以光速传播。无线电与有线电报和电话有显著区别，后两者都需要导线连接发送者与接收者才能进行信号的传送和接收。

无线电在 19 世纪就已经开始引起了科学家的注意。1864 年，苏格兰物理学家詹姆斯·克拉克·麦克斯韦（1831 ~ 1879 年）通过数学演算预言了电磁辐射的存在，并得出"光也是电磁辐射谱中的一部分"的结论。1887 年，德国物理学家海因里希·赫兹（1857 ~ 1894 年）发现了电磁辐射的一种新类型——无线电波。他利用高压将两个靠得很近的铜球之间的空气击穿，在两个小球之间产生了蓝色的火花，整个装置形成了高频振荡回路，产生了电波（也被称作赫兹波）。

1890 年，法国物理学家爱德华·布朗利（1844 ~ 1940 年）制作了一个密封的金属填充的玻璃管，玻璃管两端装有电极，可以接收单独信号，称为粉末检波器。存在电波时，管内的金属粉末就会凝聚（粘在一起），足以导电，形成一个回路。1894 年，英国物理学家奥利弗·洛奇（1851 ~ 1940 年）改善了布朗利的粉末检波器，并将之与一个电火花发送机连用，可在 150 米内传送莫尔斯电码。1 年后，俄国物理学家亚历山大·波波夫（1859 ~ 1906 年）也进行了相似的电码传送实验。

1894 年，意大利物理学家古列尔莫·马可尼（1874 ~ 1937 年）在并不知晓该领域发展的状况下，也开始进行无线电实验。在实验过程中，马可尼发明了无线电天线，并利用设备通过地面收发无线电信号。不久，他利用自己的装置将代码信息发送超过了 3000 米的距离。这项发明，也即无线电报迅速发展，尤其是 1896 年马可尼移居英国之后，无线电报技术发展更为迅猛，到 1901 年，无线电报信号已经可以跨大西洋传送。

●在 20 世纪初，意大利发明家古列尔莫·马可尼是世界上第一位将无线电应用到国际通讯中的科学家。

●粉末检波器的发明者布朗利（左上）和马可尼（右下）同时出现在这张纪念1907年法国巴黎与摩洛哥卡萨布兰卡利用无线电联通的海报上。

　　无线电报较传统电报的优势在于不用借助线路传送信号，而普通的电话通过导线可以传送声音信号。这样，人们就开始考虑无线电波能不能携载人的声音信号呢？这一想法促进了无线电话的发展。加拿大裔美国电气工程师雷吉纳德·菲森登(1866～1932年)已经完成了该技术的早期研究工作，发明了调制技术。无线电报发射的长短脉冲信号代表莫尔斯电码中的"划"和"点"。无线电话中，发射出的信号是连续的，称之为载波，载波的振幅随着麦克风中声音信号的强弱变化进行同步调制。菲森登在1903年演示了振幅调制(AM)技术。1906年圣诞前夜，雷吉纳德·菲森登在美国马萨诸塞州采用外差法振幅调制实现了历史上首次无线电广播。

　　无线电技术的新发展需要性能更优异的检波器。1906年，美国电气工程师皮卡德(1877～1956年)设计制造了晶体检波器。晶体检波器利用了金刚砂（碳化硅）、方铅矿石（硫化铅），或纯硅晶体，整流器接收到的无线电信号，将交变信号(AC)转化为直流信号(DC)。晶体检波器通过一段可调节的细导线连接到无线电电路上，后来这细线得到一个昵称——猫须。

　　英国工程师约翰·弗莱明(1849～1945年)在1904年发明了性能更优异的整流器／检波器系统，它有一个带两个电极的真空管——二极管。两年后，美国工程师李·德·福雷斯特(1873～1961年)对二极管进行了改造，又添加了一个电极，这就是后来的三极管。真空管可以用来放大微弱的无线电信号。随着新装置的涌现，无线电工程师就可以进一步优化发射机和接收机的电路设计。1917年，马可尼开始研究极高频率(VHF)传送技术，但当时没有实际应用，直到20年后由于电视机发明才投使用。1924年，马可尼利用无线电短波从英国将讲演的声音信号传送到了遥远的澳大利亚。

　　1912年，菲森登设计发明了允许更多选择调谐的外差电路。1918年，美国工程师埃德温·阿姆斯特朗(1890～1954年)发明了超外差电路，可以使收音机接收到更加微弱的信号，进一步提高了收音机的性能。阿姆斯特朗最杰出的贡献是1933年掌握了调频技术(FM)。与调幅(AM)不同，调频(FM)是将载波的频率用广播发射的信号频率进行调制。调频的信号在传播过程中更稳定，对大气中的电磁波干扰更加不敏感，这样，听众接收到的声音信号更加清晰悦耳。

神秘的电子

　　学过现代科学的人都知道什么是电子、电子对我们理解电的本质和原子物理的重要性。然而 100 多年前，一位英国物理学家发现了构成物质的极小粒子，从那时起，人们对微观世界的认识进一步加深了。

　　到 19 世纪末，随着物理学各种各样的发现的增多，许多无法解释的问题也随之出现了，比如：物体可以带上静电电荷，但是电荷是以何种方式存在的？沿着导体流动的电流电荷究竟是什么，与静电电荷不同吗？如果物质是由原子构成的，那么原子是由什么组成的？

　　德国吹玻璃工及实验室仪器制造商海因里希·盖斯勒（1815～1879 年）首次在实验中使用了真空泵。大约 1850 年，盖斯勒将金属板密封在只含有痕量惰性气体（氮气或氩气）的真空玻璃管中，他将高压电连接到金属板上，并产生了漂亮的闪光，就像管中的气体在发光一样。6 年后，法国物理学家让·佩林（1870～1942 年）用磁场和电场将产生闪光的阴极射线偏转，证明了射线是由带负电荷的粒子组成的。

　　英国物理学家约瑟夫·约翰·汤姆生（1856～1940 年）揭开了电子的神秘面纱。汤姆生于 1856 年 12 月 18 日生于英国曼彻斯特郊区，1880 年，汤姆生进入剑桥大学三一学院，毕业后，进入卡文迪许实验室，在约翰·斯特列特和瑞利爵士（1842～1919 年）的指导下进行电磁场理论的实验研究工作。

　　汤姆生通过阴极射线在电场和磁场中的偏转，测得它们的速度（比光速慢得多）。他进一步测定了这种粒子的荷质比（e/m），与当时已知的电解中生成的氢离子荷质比相比较，得出其约比氢离子荷质比小 1000 倍的结论。于是汤姆生推测阴极射线是由微小的带负电的粒子构成的。1897 年，汤姆生宣布了这些首批亚原子粒子的发现，他称之为"微粒"。两年后，汤姆生发现这些微粒的质量是氢原子质量的 1/2000 这微小的粒子被命名为"电子"。电子成为科学家们追寻已久的电的基本单位。由于电子是从不带电的真空管的阴极金属板激发产生的，所以电子必然是所有原子最基本的组成部分。

　　汤姆生继阴极射线的研究之后，开始对阳极射线（由不带电的真空管中的阳极激发产生的）进行实验研究。这项 1912 年研究成果的重大意义就是借助电荷性质的差异，可以分离带有不同电荷的微粒。1919 年，弗朗西斯·阿斯顿（1877～1945 年）应用此原理发明了质谱仪。1919 年，汤姆生退休后，由他的前任助手、新西兰裔英国物理学家欧内斯特·卢瑟福接替了他的位置。卢瑟福最后提出了包含原子核的原子结构。1906 年，汤姆生获得了诺贝尔物理学奖，他的助手中有 7 位也获得了诺贝尔物理学奖。

伦琴射线

　　19 世纪末的经典物理学理论已比较成熟，建立起所谓的"有序世界"，但就在 1895 年，德国物理学家伦琴发现了 X 射线，照出了这座看似完美的大厦的裂隙。

　　威廉·唐拉德·伦琴，1845 年出生于德国的尼普镇，先后在荷兰机械工程学院和苏黎世物理学院学习。1869 年，获博士学位，次年来到德国维尔茨堡大学，投到物理学家奥盖斯德·康特教授门下，从此开始了他长达 50 年的研究生涯。

　　1895 年 11 月 8 日，实验室里伦琴像往常一样做着阴极射线的实验，因为有其他光线干扰，他便用黑纸片将放电管包严放入暗室。之后给放电管通电，结果又发现实验台一侧离放电管约 1 米远的氰化钡荧光屏发出微弱的光芒。目光敏锐的伦琴没有放过这一现象，而是多次重复实验，还把不同材质的物品，如书籍、木片、铝板等挡在放电管与荧光屏之间，发现不同的物品对该射线有不同的遮挡作用，同时也表明这种射线具备一定穿透力。但它究竟是一种什么射线呢？伦琴一时搞不清，便先叫它 X 射线，意为未知射线。为了进一步分析 X 射线的性质，他把砝码放入木质的盒子里，将盒子封严整个拿到 X 射线下，结果感光底片呈现出砝码模糊的影像。接着，他又用该射线照射金属片、指南针等物品，无一例外地发现类似的现象。最后伦琴突发奇想，把妻子叫到实验室，拍下一张妻子右手的 X 射线照片，照片显示出其手部骨骼的影像。于是他对 X 射线的奇妙特性更加有兴趣，经过深入的分析，将其做了简单的归纳：

　　① X 射线沿直线运动。

　　② X 射线可以使亚铂氰酸钡和其他多种化学制品发出荧光。

　　③ X 射线区别于其他射线极为重要的一点就是，它可以穿透普通光线所不能穿透的物质，如该射线能够穿过肌肉却不能透过骨骼。

　　自 1895 年 12 月起，伦琴陆续将这一发现结果整理成文，分别证明了 X 射线的存在，分析了它使空气和其他气体产生电流的能力，叙述了该射线在空气中发生散射的特征。X 射线则被人们称为伦琴射线。

　　伦琴在发现了 X 射线之后，对其进行深入研究。他的研究成果对于后来贝克雷尔和居里夫人的放射性研究起了巨大的推动作用，同时在医疗实践中得以应用，如诊断病情，放射性治疗癌症等；在工业领域，它主要用于检测物体的厚度，内部裂纹等；在生物学上，它为研究者提供了必要的原子、分子结构信息。总之，X 射线被广泛用于科研、生产等众多领域，造福了人类。

第一辆汽车

汽车的发明是人们对机械化交通工具的渴求并经过不懈探索的结果。早期的汽车只能使用蒸汽引擎，因为这是当时能够获得的唯一动力来源。第一次成功制造汽车的尝试出自一位法国的军事工程师。

大 事 记
1770 古纳制造出第二辆蒸汽动力拉炮车
1829 制造出蒸汽动力路行机车
1865 制造出轻型蒸汽四轮汽车
1885 制造出奔驰三轮汽车
1886 制造出戴姆勒四轮汽车
1893 制造出奔驰四轮汽车
1896 第一辆美国造汽车（杜里埃）上市
1908 生产出 T 型汽车

1770 年，法国军事工程师古纳（1725 ～ 1804 年）制造了一辆三轮蒸汽牵引机，用来拉大炮，这是他建造的第二辆蒸汽引擎的机车。这辆牵引机由安装在单前轮上的双缸蒸汽机提供动力，车速可达 5 千米／小时。这辆车也制造了世界上第一起机动车交通事故——撞坏了一堵墙。1835 年，德国工程师查尔斯·迪茨设计建造了另一辆非同寻常的三轮机车，其最大的特点是机车上安装了一对摇摆式汽缸，其转动曲柄带动链条驱动齿轮，从而使机车前进。

后继的蒸汽机车实验目的主要是建造拖拉机或可载多人的四轮机车——公交车，而非单人交通工具。1784 年，苏格兰工程师威廉·慕尔朵克（1754 ～ 1839 年）制造出一辆蒸汽动力公路汽车模型。1789 年，美国发明家奥利弗·艾凡思（1755 ～ 1819 年）

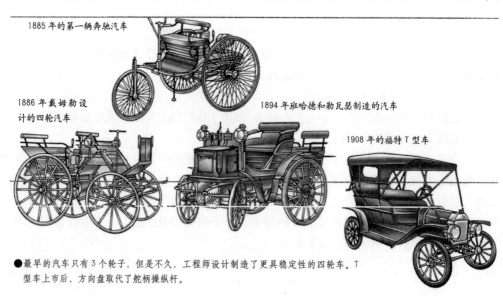

1885 年的第一辆奔驰汽车

1886 年戴姆勒设计的四轮汽车

1894 年班哈德和勒瓦瑟制造的汽车

1908 年的福特 T 型车

●最早的汽车只有 3 个轮子，但是不久，工程师设计制造了更具稳定性的四轮车。T 型车上市后，方向盘取代了舵柄操纵杆。

● 1894 年法国的驾车司机就组织起来进行汽车速度和稳定性的角逐，"汽车之父"戴姆勒大获丰收，其中有 9 辆赛车搭载着由格特利普·戴姆勒设计的班哈德－勒瓦瑟引擎。

将他设计的高压引擎安装在了一辆可在路上行驶的四轮汽车上。1801 年，英国工程师特里维欣科（1771 ～ 1833 年）设计建造了一辆相似的四轮汽车，这辆车安装有两个较大的驱动后轮，前轮可独立转向，车速可达 16 千米／小时。1829 年，英国发明家格尼爵士（1793 ～ 1875 年）制造了一辆最早投入使用的蒸汽四轮汽车，当时这辆车以 24 千米／小时的平均速度在伦敦和巴斯间提供常规运输服务。

1865 年，纽约人理查德·杜俊设计建造了一辆轻型的蒸汽机车。1873 年，法国工程师博来（1844 ～ 1917 年）设计了拥有 12 个座位的"顺从号"客车。1878 年，他设计了"拉芝塞勒"蒸汽机车，前置的蒸汽引擎驱动后轮前行，车速可达 40 千米／小时。但是，正当汽车成为最有效的交通工具时，铁路出现了，它使得蒸汽汽车的主导地位受到了挑战，发展势头一度下滑。

德国两位工程师卡尔·本茨（1844 ～ 1929 年）和格特利普·戴姆勒（1834 ～ 1900 年）开创了汽车发明史上的又一个里程碑。他们意识到新出现的汽油发动机作为公路汽车动力来源的巨大潜力。奔驰的第一辆三轮汽车出现在 1885 年，这辆汽车装有 1 马力的发动机，最大时速为 13 千米／小时。

1886 年，戴姆勒设计了他的第一辆由汽油引擎提供动力的重型四轮汽车。起初，戴姆勒只是为其他汽车制造商提供汽油引擎，1889 年，他研制出功率为 3.5 马力的汽油引擎。1891 年法国工程师班哈德（1841 ～ 1908 年）和勒瓦瑟（逝世于 1897 年）仿效戴姆勒设计汽油引擎并建造具有底盘的汽车。"班哈德汽车"采用前置的戴姆勒发动机驱动后轮，并且装有现代的阿克曼（双枢轴）转向驾驶盘、一个齿轮箱和一个摩擦离合器。1893 年，奔驰制造了配有 3 马力汽油发动机且更加稳定的四轮汽车。同年，美国的第一辆汽油引擎汽车由发明家杜里埃（1861 ～ 1938 年）和他的兄弟弗朗克（1869 ～ 1967 年）制造成功。1896 年，第一辆美国制造的汽车开始在市场上销售。1 年后，即 1897 年，马萨诸塞的斯坦利兄弟——弗朗西斯（1849 ～ 1918 年）和弗里兰（1849 ～ 1940 年）推出斯坦利蒸汽机后，蒸汽引擎曾经有一段短暂的复兴。

20 世纪初，美国实业家亨利·福特（1863 ～ 1947 年）通过采用批量化生产技术完成了汽车制造业革命性的转变——在流水装配线上，一个新的汽车底盘进入时，工人们按顺序给底盘装发动机、传动装置、轮子，最后安装车身。1908 年，数以百万计的 T 型车受到公众的追捧。福特说："任何顾客可以将这辆车漆成任何他所喜欢的颜色，只要它的底色是黑色的。"于是，汽车时代开始了。

飞艇的问世

1783 年孟高菲尔热气球首次载人飞行取得成功后的几周，另一种类型的气球飞过了法国巴黎的上空，这种气球里充满了氢气，密度比空气小得多。很快氢气球成为主导性的比空气轻的飞行器，并逐渐取代了热气球。

第一次将气球内填充氢气的人是法国物理学家雅可斯·查尔斯 (1746 ~ 1823 年)。起初这些氢气球只能搭载几个人并且只能顺风飞行，于是，科学家就开始考虑其能否搭载更多的乘客并且按预先设定的方向飞行。解决方案就是让气球变大并装上马达和方向舵。这种改装后的飞行器，也就是我们现在所说的飞艇，起初被法国人称作"可驾驶的飞船"。

大 事 记	
1852 年	可操控的蒸汽动力飞艇问世
1884 年	电动飞艇问世
1897 年	发明硬式飞艇
1898 年	发明半硬式飞艇
1900 年	第一艘齐柏林飞艇问世

1852 年，飞艇的雏形——第一艘可操纵的飞船由法国工程师亨利·吉法尔 (1825 ~ 1882 年) 建造，这艘飞艇由一个很长的充满氢气的气囊构成，有一个包覆着网状绳索的开放式小舱，小舱可以搭载驾驶员和发动机。由于气囊内的氢气压力大，所以气囊能保持形状，这样设计的飞艇称作非硬式飞艇。汽艇上装有 3 马力的焦炭点火蒸汽发动机以转动双叶片的推进器。飞艇飞行方向由舱尾的舵控制。驾驶舱悬在气囊下面且与气囊有一段较长的间距，以防止蒸汽发动机冒出的火星引燃氢气。吉法尔飞艇的首飞是从巴黎到 27 千米外的一个小村庄，平均时速为 8 千米／小时。

为了使飞艇能够在微风或无风的条件下飞行，飞艇需要更强劲的动力支持，比如电动机。1884 年，法国军事工程师查尔斯·勒纳尔 (1847 ~ 1905 年) 和阿瑟·克雷布斯 (1847 ~ 1935 年) 设计的 "La France 号"飞艇装配了电动机，这艘电池动力的电动动力马达的功率近 9 马力，使长 50 米的飞艇在巴黎的近郊进行了一次环形飞行，时速达 23 千米／小时。

随着汽油发动机的应用，飞艇的设计者们开始将之作为飞艇的动力。1898 年，半硬式飞艇出现了：头部是金属框架，而尾部是由一个木制方格的龙骨架连接起来的。1901 年，巴西飞行家桑托斯－杜蒙特 (1873 ~

● 1852 年，亨利·吉法尔驾驶他的飞艇首次飞行了 27 千米，但是由于蒸汽发动机提供的功率不足，使得飞艇无法逆风返航。

1932 年）驾驶着他的机械飞艇（第六号）在间隔 11 千米的圣·克劳德和埃菲尔铁塔间作了往返飞行，并由此获得了 10 万法郎奖金。

1897 年，奥地利发明家戴维·施瓦茨（1852～1897 年）建造了第一艘硬式飞艇。这艘飞艇艇身内部全部采用金属框架来保持飞艇形状。当时，飞艇的设计者们都采用铝制造艇体的主体框架。1890 年，德国陆军中将齐柏林伯爵（1838～1917 年）退役后着手研制新型飞艇。1900 年 7 月 2 日，第一艘齐柏林飞艇——LZ-1 进行了首飞，该飞艇长 128 米，直径 11.7 米，装有 2 台 16 马力的内燃发动机，还装有方向舵和升降舵，但是这艘飞艇的发动机功率不足，所以飞行没有成功。1905 年的 LZ-2 和 1906 年的 LZ-3 飞艇相继出现，但是真正飞行成功的是 1908 年的 LZ-4 飞艇。飞艇艇体越来越大，装配的发动机也越来越多：2

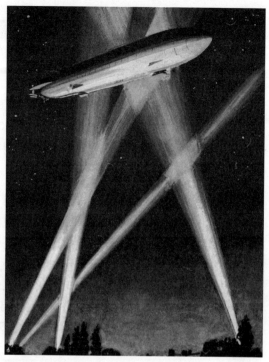

● 1916 年，第一次世界大战中，探照灯发现了一艘正在向伦敦投掷炸弹的齐柏林飞艇。德国的军用飞艇是世界上首批真正的轰炸机，该飞艇可以携载的弹量足够大，给轰炸的目标造成巨大的破坏。

个、3 个，最后有 4 个。1910 年，齐柏林公司建造了世界上第一艘商用飞艇——"德意志号"，长 140 米。齐柏林公司后来又设计开发了 LZ-127 "齐柏林伯爵号"飞艇，该艇长 235 米，并且搭载乘客进行了跨越大西洋飞行的壮举，时速最高可达 130 千米。齐柏林自制造出第一艘硬式飞艇之后，又与他人合作，在短短 20 多年的时间里制造出了 129 艘各型飞艇，大大加强了德国的军事力量。后来由于飞机的蓬勃发展，影响了飞艇的制造和使用。1937 年 5 月 6 日，德国的巨型飞艇 LZ-129 "兴登堡号"（该艇长 244 米，最大直径 39.65 米）在飞抵美国新泽西州的莱克赫斯特上空准备系留停泊时，尾部突然起火并点燃了氢气，飞艇焚烧殆尽，36 名乘客及机组人员不幸遇难。1930 年英国飞艇 "R101 号"（长 240 米）在飞往印度的途中发生了与 LZ-129 相似的悲惨事故，艇上的 54 人有 48 人丧生。这些空难事故使人们意识到氢气飞艇的巨大危险性，于是充氢气的飞艇很快被停止使用。

科学家用惰性的氦气代替氢气用于飞艇气囊的填充，安全性大大提高。第二次世界大战后，飞艇的应用出现了短暂的复苏迹象，美国海军将飞艇用于海洋水面的巡逻。设计者们也计划开发货运飞艇，但是被后来的直升机所取代了。

改变世界的飞机

　　在发明轻于空气的飞行器，如热气球和飞艇之前，人们就想模仿鸟类在天空中飞翔。因此，许多早期飞行器的设计，如约 1500 年的达尔文画的飞机草图，机身上都带有振翼。大约过了 500 年，人们这个愿望才得以实现。

　　带有振翼的飞行器称作扑翼飞机，但除了模型外，历史上还没有建造真实扑翼飞机的记载。即使扑翼飞机被建造，由于要靠人的肌肉提供动力推进，飞行也是实现不了的。近期，已经成功地建造出人力飞机，但都是依靠现代的空气动力学、机械学和材料学等方面知识的支持才实现的。

　　早在约公元前 1000 年，中国人就发明了风筝，这是世界上第一种重于空气的飞行器。19 世纪后

大 事 记
1808 年 无人驾驶滑翔机问世
1848 年 蒸汽动力飞机模型问世
1853 年 载人滑翔机问世
1890 年 非人工操纵的蒸汽动力飞机问世
1891 年 可操纵的载人飞机问世
1903 年 可持续飞行的汽油引擎的飞机问世

期，人们建造了载人风筝其中包括 1894 年英国士兵贝登堡（1860 ～ 1937 年）设计的用于军事的风筝以及 1901 年美国马戏团老板萨缪尔·科第（1867 ～ 1913 年）"上校"对其作的改进版。现在，滑翔风筝和机动滑翔飞翼飞行器都沿承了这样的设计理念。但是，在飞机领域取得的真正进展是从滑翔机的飞行试验开始的。

　　英国发明家乔治·凯利爵士（1773 ～ 1857 年）是滑翔机先驱之一，1808 年，他试飞了无人滑翔机，其机翼面积近 30 平方米。1853 年，他建造了另一架重达 135 千克的载人滑翔机，这架滑翔机的乘客就是凯利的男仆——并未意识自己将是世界上第一位在重于空气飞行器上的飞行员。三年后，法国海军军官让玛利·李·布瑞斯（1817 ～ 1872 年）在法国北部海滩进行了一次短途滑翔飞行。1895 年，苏格兰飞行家皮尔彻（1866 ～ 1899 年）利用他的悬吊式滑翔机"蝙蝠号"做了一次部分控制的滑翔飞行。一年后，皮尔彻建造了第四架滑翔机——"老鹰号"，滑翔机的舵柄连接到四桨叶的方向舵上，以控制滑翔机的飞行。1897 年，他的"老鹰号"打破了飞行器飞行距离的世界纪录，达到了 250 米。1899 年，皮尔彻在"老鹰号"坠毁时受了重伤并逝世。

　　德国航空学先驱奥托·利林塔尔（1848 ～ 1896 年）是世界上仔细研究滑翔机并制造可控滑翔机的第一人。1891 年，他进行了首次操控滑翔机的飞行。利林塔尔早期的滑翔机设计都是模仿鸟类翅膀，但是后来他给滑翔机加上了一条尾翼以保持稳定性，同时他提出了安装两对翅膀（一对在另一对的上方）的想法，飞行员吊在滑翔机的翅膀下面，就像现代滑翔伞运动一样。双翅膀的设计（后来称作双翼飞机）保留了几乎

所有早期飞行器的一个共同特征。1893 年，利林塔尔尝试制作类似鸟的连接翅，但是以失败告终。1896 年，他驾驶的滑翔机坠毁，利林塔尔则遇难身亡。美国的莱特兄弟——威尔伯·莱特（1867 ～ 1912 年）和奥维尔·莱特（1871 ～ 1948 年）了解了利林塔尔所做的先驱工作，受到了很大的震撼和鼓舞。同时，法裔美国发明家奥克塔夫·沙尼特（1832 ～ 1910 年）在 1896 年建造了一架特别稳定的滑翔机，引起了莱特兄弟的关注。1903 年，莱特兄弟建造了更加完善的载人滑翔机。

到了 20 世纪早期，工程师着手设计我们现在所知的"机身"，但他们缺少合适的动力来源。当时，蒸汽发动机是唯一的选择。早在 1842 年，英裔美国工程师威廉·汉森（1812 ～ 1888 年）取得了单翼飞机的发明专利，该飞行器包括蒸汽发动机、助推器和可承载几个人的机舱。但是汉森只能造出一架非功能型模型来。1848 年，英国发明家约翰·斯特林费洛（1799 ～ 1883 年）建造了一架蒸汽动力的飞行器，但是飞行了一小段距离后就坠毁了。1890 年，法国工程师克莱门特·阿德尔（1841 ～ 1926 年）建造了一架全尺寸蒸汽动力单翼飞机"Eole 号"，飞机依靠本身的动力只飞行了 50 米，但是阿德尔还没有设计出控制飞机飞行的方法。

由美裔英国发明家海勒姆·马克西姆（1840 ～ 1916 年）建造的巨型飞机取得了短暂的成功。1894 年，马克西姆建造的双翼飞机装有两台蒸汽发动机，每台驱动一个推进器。沿着一条轨道起飞后，飞机可以攀升到距地面 1 米的高度。两年后，美国天文学家萨缪尔·朗利（1834 ～ 1906 年）建造了一架大型蒸汽动力飞机模型，这架飞机飞行了 90 秒，飞过的距离为 800 米。

蒸汽发动机对于飞机飞行来说太重了，汽油发动机是更好的选择。1903 年秋季，朗利建造了一架配有汽油发动机的全尺寸飞机。但是，在华盛顿，两次从大型驳船上起飞的尝试飞行都以失败告终——每一次都坠入波托马克河里。莱特兄弟用轻质的铝材制造了汽油发动机并将之安在他们的滑翔机上。1903 年 12 月 17 日上午，在美国北卡罗来纳州小鹰城，弟弟奥维尔·莱特驾驶着"飞行者 1 号"进行了世界上首次动力飞行。这是第一次由人控制飞机的起飞和降落的全过程的飞行。"飞行者 1 号"共进行了 4 次试飞，第一次飞行距离 36 米，持续时间 12 秒；最后一次飞行距离 260 米，持续时间 59 秒，这是公认最早的空中持续动力飞行，并给世界航空史带来了一场历史性革命。这次成功的飞行预示着重于空气的飞行时代的到来。3 年后，1906 年，巴西飞行家桑托斯－杜蒙特（1873 ～ 1932 年）驾驶自己设计的装配了发动机的滑翔机进行了一次短时飞行。

飞机发展的另一个关键就是制造飞机的材料问题。钢铁和其他的合金代替了木材制造飞机机身。铝材面板取代漆布包裹机身。在莱特兄弟首次成功飞行之后的 44 年，载有汽油引擎的喷气式飞机飞行的速度超过了声速，这也就是我们说的超音速喷气式飞机。

赫罗图的发明

赫罗图——反映恒星亮度对应其温度的标注图表——让我们对恒星的理解发生了深刻的变化。一个世纪过去了，赫罗图仍是现代天文学家认识和研究恒星及太空的重要工具。

●亨利·罗素在1913年伦敦的一次皇家天文学会会议上以图表的形式说明了自己有关恒星分类的理论。但他不知道埃希纳·赫茨普隆已经在几年前发表了相似的理论。

到19世纪末，天文学家已经收集总结了成千上万颗恒星的丰富数据资料。天文观测一直在持续，恒星资料数据库不断被扩充，并且随着更先进的天文研究工具的应用，各种信息也更为细化翔实。

到了20世纪初，天文学家可以精确地测量出一个恒星的视星等。视星等用来表示恒星在天空中的亮度，也就是人类肉眼所看到的恒星亮度。视星等的大小决定于恒星真实的发光度（恒星发出光的强度）以及离地球的距离。如此远的距离很难测量，但天文学家仍着手对天文距离进行可靠的数学计算。丹麦天文学家埃希纳·赫茨普隆（1873～1957年）和美国天文学家亨利·罗素（1877～1967年）利用这些测量数据将恒星的亮度与其另一个特征——颜色联系起来。恒星的颜色取决于表面温度和恒星的电磁辐射的范围，即恒星的光谱。

美国天文学家爱德华·皮克林（1846～1919年）在担任哈佛天文台台长期间，观测并绘制了上万颗恒星的光谱。将恒星分类的工作落在了天文学家安妮·坎农（1863～1941年）的身上，依据恒星表面的温度和颜色，坎农将恒星分成7类，每一类用一个英文字母表示，分别为O、B、A、F、G、K、M。其中蓝色热恒星类用"O"表示，红色冷恒星类用"M"表示。太阳是一颗中等冷的恒星，即黄色"G"恒星。

当埃希纳·赫茨普隆还是一名正在接受培训

●赫罗图上的恒星并不是随机分散开来的。许多恒星比如太阳和天狼星（下页赫罗图左上所示：天狼星A），位于主序星带里。所谓的主序星带，也就是从图中左上明亮、蓝色热恒星起，到右下昏暗、红冷性恒星的一条线带。

的化学工程师的时候，发现亮的蓝白恒星似乎符合这样的规律：越亮意味着越热，但那些颜色更红、温度更低的恒星可以被分成高亮度和低亮度两组。因为这些恒星的温度是相同的，那么亮度的差异就和恒星的大小有关系。赫茨普隆的观点挑战了当时的主导观点：恒星的演化只是从O到M的系列光谱简单的变冷。赫茨普隆将更大的冷恒星叫作"巨星"，因为这类恒星数目要比更小的恒星少，他将这些恒星比喻成"小鱼群中的鲨鱼"。1905年和1907年，他在一本模糊摄影技术期刊上发表了自己的理论，但是没有得到大多数天文学家的认同。

同期，在不了解赫茨普隆的理论的情况下，在普林斯顿大学工作的亨利·罗素得出了与赫茨普隆相似的结论。1913年，罗素设计了一种恒星光度对应表面温度的图表。后来，罗素很严谨地将之归功于赫茨普隆早期的思想理论。赫罗图的命名就是为了纪念两位天文学家做出的杰出贡献。从赫罗图的发明到现在，科学家们一直利用它研究恒星是如何演化的。

●天蝎座α星是最大的恒星之一，是一颗体积为太阳500倍的红巨星。

●太阳常被用做测量其他恒星的标准星。处在赫罗图右上区的恒星，如天蝎座α星和毕宿五称作红巨星。与太阳相比，这些恒星体积很大，但是温度较低且密度较小。大陵变星是主序星，体积7倍于太阳且亮度是太阳的100倍。处在赫罗图左下区的恒星，如天狼星B，一般体积小，温度高，光度低，称之为白矮星。

表面温度（℃）

合成药物的发明与应用

在 19 世纪中后期，化学科学向疼痛和生理疾病吹响了战斗的号角。一些新的进展源自传统的医学，另一些则是多年研究和试验的结果，还有一小部分是偶然发现。

人类利用自然界存在的物质作为药物已经有几千年的历史了。其中有一些，如鸦片，用做止痛药。但是这些药物并不十分可靠，而且经常会带来一些无法预料的副作用。

第一种完全合成的药物是气体。1799 年，英国的化学家汉弗莱·戴维（1778 ～ 1829 年）发现一氧化二氮（也就是我们熟知的笑气）具有止痛的功能。1815 年，科学家发现乙醚也有止痛的效用。这两种药物在当时受到了大众的欢迎。但是，

大 事 记	
1799 年	笑气作为止痛剂
1815 年	乙醚作为止痛剂
1828 年	水杨甙从柳树中提取出来
1847 年	氯仿用于妇女分娩
1859 年	大规模生产水杨酸
1910 年	肿凡纳明（606）生产出来

水杨酸分子

碳原子

氢原子

氧原子

阿司匹林

令人不解的是，直到 30 年后医生才将它们用在外科手术的麻醉镇痛上。1847 年，苏格兰产科医生詹姆斯·辛普森（1811 ～ 1870 年）发现了另一种麻醉效果更强的试剂——氯仿蒸气，并把它用做妇女生产时的麻醉止痛剂。这些麻醉气体都是有副作用的，它们可以使病人进入无意识状态，或者至少是无知觉状态，当大剂量使用的时候，它们还有致毒作用。

人们利用一些植物来止痛和退烧已经有很长的历史了：古埃及人用桃金娘；古希腊人和中世纪的欧洲人用柳枝和绣线菊；美洲土著人用白桦树枝。现在已经证明这些天然植物里含有同一种活性成分——水杨甙。

英国牧师爱德华·斯通（逝世于

●在过去，人们利用从柳树皮中提取出来的水杨酸来镇痛解热。现代药物阿司匹林由水杨酸乙酰化衍生物组成。乙酰水杨酸钠可起到中度镇痛的作用，并可用来治疗风湿病。

1768 年）重新发现了柳树的药用功效。1763 年，他称其利用柳树皮成功地帮助 50 名病人退烧。德国药剂师约翰尼·布赫勒（1783 ~ 1852 年）于 1828 年首次从柳树中成功地分离出了水杨甙。10 年后，意大利化学家雷非勒·皮立亚提取出了活性成分——水杨酸，这是一种无色的晶体。1853 年，法国化学家查尔斯·盖哈特（1816 ~ 1856 年）改变水杨酸结构，制得了乙酰水杨酸。但是关键性突破是德国化学家荷尔曼·科尔比（1818 ~ 1884 年）鉴别出了水杨酸的分子结构，并提出了以煤焦油为初始原料进行大规模的化学合成而并非从植物直接提取的方法。利用科尔比反应，水杨酸得以大批量生产。

●保罗·埃尔利希用系统化的方法来开发药物。著名的"606"药作为治疗梅毒的特效药于 1910 年以撒尔佛散商品名上市销售。

　　水杨酸的镇痛效果非常明显，但是它也会造成严重的肠胃不适，所以科学家考虑对其分子结构进一步调整，使其副作用降低到最小。最后，德国化学家霍夫曼（1868 ~ 1946 年）在拜耳公司完成了水杨酸分子结构的调整。霍夫曼利用查尔斯·盖哈特早期提出的水杨酸分子结构合成了乙酰水杨酸，并在 1899 年由拜耳公司以阿司匹林的商品名将其推向市场。起初，阿司匹林只有经过医生开的处方才能拿到，但到了 1915 年，阿司匹林已经成了非处方药，病人直接到药店里就可以买到。

　　在阿司匹林上市的同时，另外两种具有光明前景的镇痛药物也开发成功，具有镇痛解热功效的退热冰（乙酰苯胺）和非那西汀（乙酰对氨苯乙醚）分别在 1886 年和 1887 年被研制出来。非那西汀于 1888 年作为药物开始使用。对乙酰氨基酚在许多方面优于前述的化合物，它是一种非那西汀的衍生物，并且分子主体结构可以迅速地转化为其他的分子结构形式。但是，它的优点并没有马上体现，直到 20 世纪 50 年代对乙酰氨基酚才作为一种替代阿司匹林的镇痛解热的药物面世。

　　第三个重要的化学合成药物——肿凡纳明（606）在 20 世纪初就开始研发，以撒尔佛散商品名投入市场销售。这种砷基药物主要是治疗性病传染病——梅毒。德国化学家保罗·埃尔利希（1854 ~ 1915 年）发现某些含砷化合物具有抗梅毒的功效，于是在 1906 年开始着手研究并对大量的含砷化合物进行反复地实验测试。最终发现第 606 个含砷化合物对引起梅毒的病原菌（一种名为苍白密螺旋体的细菌）具有高效的杀灭功能。1914 年，化学家对 606 结构作了部分调整，并以肿凡纳明商品名上市。在这种药出现之前，梅毒已经给人们带来了多年的痛苦。

　　20 世纪医疗事业突飞猛进的发展，使制药科学进入了一个崭新的历史阶段。合成新的药物分子并对其分子结构进行调整组合以提高药效或改变药力是现代制药发展的基础。

爱因斯坦与他的相对论

爱因斯坦提出的相对论是 20 世纪理论物理的顶峰。爱因斯坦曾就相对论解释说：狭义相对论适用于引力之外的物理现象，广义相对论则提供了引力定律以及它与自然界其他力之间的关系。

著名科学家爱因斯坦则是一位将怀疑权威同"相信世界在本质上是有秩序的和可认识的"这一信念结合在一起的科学工作者。他不盲目相信权威，只是充分利用前人的经验积累，然后再加上自己的独立研究，才得以迈向一个又一个的科学高峰。

●爱因斯坦于 1921 年获得的诺贝尔奖证书

爱因斯坦的相对论便是在牛顿力学的基础上提出来的。自 17 世纪以来，牛顿力学一直被人类视作全部物理学，甚至整个自然科学的基础，它可以被用来研究任何物体的运动。进入 20 世纪后，人们发现传统的理论体系无法解释在一些新的物理实验中产生的现象。对牛顿力学坚信不疑的科学家们陷入了迷茫，尽管他们无力调和旧理论和新发现之间的矛盾，但他们仍然不敢怀疑牛顿力学。就在这场物理学革命中，爱因斯坦选择了一条与其他科学家不同的道路，终于成功提出了狭义相对论。

爱因斯坦的狭义相对论包括两条基本原理：相对性原理和光速不变原理。

狭义相对论可以推导出物体的质量与运动速度有着密切的关系，质量会随着运动速度的增加而增加，还推论出质量和能量可以互换。爱因斯坦得出的质能关系式为：$E = mc^2$，其中 m 表示物体的质量，c 表示光速，E 是同 m 相当的能量。爱因斯坦的这个方程式对原子内部隐藏着巨大能量的秘密作了揭示，为原子能应用的主要理论基础，为原子核物理学家和高能物理学家的科学研究提供了便利。

根据狭义相对论的两条基本原理，还可以推导出前人无法想象的结论。比如，飞船上的一切过程都会比在地球上慢。假如飞船以每秒钟 30000 千米的速度飞行，那么飞船上的人过了 1 年，地球上的人就过了 1.01 年；假如飞船以

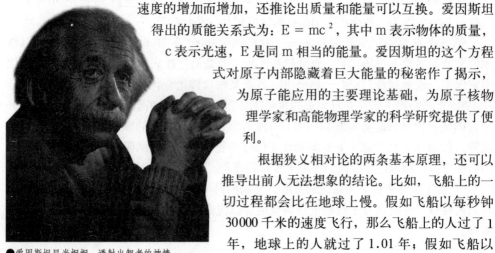

●爱因斯坦目光炯炯，透射出智者的神情。

● 1933 年，爱因斯坦提出能量聚集的新理论。

每秒钟2 999 000 千米的速度飞行，那么飞船上的人过了1年，地球上的人就过了50年。这是多么神奇啊！

有一点需要说明，相对论的效应在低速运动时非常微小，很难被察觉，因此牛顿力学与相对论的结果非常接近。只有当速度大到能够和光速相比时，才可以改用相对论力学。因而，我们日常生活中所能接触到的各个领域，还必须都应用牛顿力学的原理和公式。

1912 年 10 月，爱因斯坦在苏黎世大学任教。在此期间，他继续钻研，不断对狭义相对论的思想进行丰富和充实。1913 年，爱因斯坦和他的老同学数学教授格罗斯曼，合作写了一篇重要的论文《广义相对论和引力理论纲要》，为广义相对论的建立扫清了障碍。

1915 年，爱因斯坦终于完成了创建广义相对论的工作。次年，他发表了自己的总结性论文《广义相对论的基础》。在这篇论文中，他提出了新的引力方程，这与 200 年来在科学界占垄断地位的牛顿引力方程不同。人们将这篇论文称为 20 世纪理论物理学的巅峰。

爱因斯坦后来又在广义相对论的基础上导出了一些重要结论，如光线在太阳引力场中发生弯曲；水星近日点的旋进规律；引力场中的光谱线向红端移动等。

1919 年 5 月 29 日发生了一次日全食，由英国派出的两支天文考察队分别在两个地点进行了独立观测，并拍摄到清晰的日食方向的星光照片。观测结果证明爱因斯坦的预言是正确的。光线不但呈现弯曲，就连弯曲的程度和数值也同于爱因斯坦的计算结果。其他两项预言也在后来相继得到证实。

爱因斯坦被人们誉为"20 世纪的牛顿"。他的广义相对论如今已成为现代物理学最主要的理论基础，标志着原子理论时代的到来。

巴拿马运河

只要看一下世界地图，你就会明白，开凿巴拿马运河是多么明智的选择。巴拿马运河是连接大西洋和太平洋重要的途径，使船只不必绕过南美洲南端并经过世界上最危险的水域，且缩短了近 10000 千米的航程。但是，将这个美好的想法付诸实践却耗费了大量的金钱和人的生命，巴拿马运河也成为世界上最伟大的工程之一。

在 16 世纪西班牙人占领并开发中美洲后不久，他们就注意到了在巴拿马地峡开通一条运河的巨大价值。16 世纪 30 年代，许多建筑工程师组织起来为开凿出谋划策，但最终西班牙政府和中美洲国家都没有采取实际行动。直到 19 世纪中期，美国投资建设横跨巴拿马地峡的巴拿马铁路完工后，各国政府才又一次开始考虑修建运河的问题。1878 年，哥伦比亚政府凿授予一家国际公司建造经营权，但是该公司未能开工建设。

法国工程师、外交官费迪南德·雷赛布 (1805 ～ 1894 年) 因在 1869 年主持苏伊士运河的修建而名噪一时。1881 年，由费迪南德·雷赛布领导的一家新成立的公司宣布正式开凿巴拿马运河。但由于计划不周详、流行病的蔓延以及财政问题导致

●费迪南德·雷赛布由于 1869 年建造苏伊士运河而享誉世界。但是在建造巴拿马运河时由于流行病的原因而导致工程被迫停止。至 1889 年，公司破产。

大 事 记
1881 年 费迪南德·雷赛布公司开始运作，建造巴拿马运河
1898 年 费迪南德·雷赛布暂停了建造工程
1903 年 美国永久租借巴拿马运河区
1904 年 美国继续开凿运河
1914 年 巴拿马运河竣工
1920 年 成为国际通航水道

●巴拿马运河水闸是成对建造的。这样的设计可以避免长时间的等待，相向行驶的船只可以同时通过水闸。

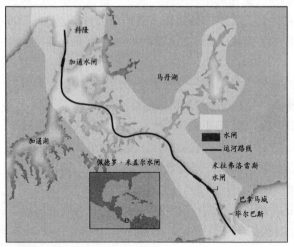

科隆
加通水闸
马丹湖
加通湖
佩德罗·米盖尔水闸
米拉弗洛雷斯水闸
巴拿马城
毕尔巴斯

水闸
运河路线

● 建造巴拿马运河水闸需要上万吨的混凝土。该图是 1913 年麦瑞福劳瑞斯水闸上部建造的情景。

公司破产，1894 年曾尝试返工，但还是于 1898 年停工了。1902 年，美国政府收购了雷赛布的公司。1903 年，美国与巴拿马签订了不平等的《美巴条约》，规定了美国以一次偿付 1000 万美元和 9 年后付给年租 25 万美元的代价，取得永久使用巴拿马运河区 (16 千米的狭长地带，约 14.74 万公顷) 的权利。

在美国两位总统西奥多·罗斯福 (1858 ~ 1919 年) 和威廉·霍华德·塔夫脱 (1857 ~ 1930 年) 的督促下，1904 年，工程重新开工，雇用了数十万人挖凿运河。此次按照法国工程师阿拉道夫·德·布鲁斯利 1879 年设计的运河图施工，要在运河中间建造数个船闸。整个工程还包括在查格雷斯河上修一座大坝，以形成加通湖这样一个大胆的计划。整个建造工程在高萨尔斯 (1858 ~ 1928 年) 的领导下，由美军工程师实施。高萨尔斯后来成为巴拿马运河区的长官。1904 年，美国军医戈嘎斯 (1854 ~ 1920 年) 被派往巴拿马控制施工队伍中发生了流行病，他在那里有效地控制住了携带和传播疾病的蚊子，使疟疾和黄热病不再猖獗。在整个施工过程中，来自世界各国的劳工，包括许多中国劳工，都为开凿巴拿马运河付出了生命，先后有 7 万名劳工死亡。

巴拿马运河是自埃及金字塔以来最伟大的工程，在建造过程中诞生了许多惊人的数字：借助蒸汽动力铲车，4 万多名劳工挖土将近 1.45 亿方；2/3 的河道足以允许巨型海船通过；河道宽度大于 91.5 米，水深大于 12.5 米；在加通湖设置了 3 对水闸，可以将河道水面提升 25.9 米，另一对水闸——佩德罗·米盖尔水闸——使水位降低 9.4 米；米拉弗洛雷斯地段还设有超过 2 对的水闸，可以使水位最终降低 15.5 米。巴拿马运河于 1914 年竣工，1915 年通航，总耗资 3.36 亿美元。1920 年起成为国际通航水道。

根据 1977 年巴拿马和美国签订的条约，美国保留了在巴拿马运河附近的军事基地，但是巴拿马运河区及其附近的土地和水域全部归巴拿马所有。直到 1999 年，美国结束了对巴拿马运河的管制，对运河的管理权才重新回到了巴拿马人民的手里。

改变战争面貌的机枪

　　机枪是一种小口径武器，只要弹药充足，扣住扳机不放，就可以连续射击。有些机枪装置可以实现装弹、射击、退空弹壳等一整套操作的自动化。这一类型的手枪通常被称作机械手枪，而这一类的机枪通常被称作卡宾枪或来复枪。

●加特林式机枪是第一代成功的机枪，用于美国内战中。1873 年，英国十枪管型的这种机枪开始安装在车架上，以提高机动性。

　　现代机枪的前身是半自动火炮。 1718 年，英国发明家、律师詹姆斯·派克为自己设计的这种"防卫枪"申请了专利。这种枪像一把巨大的左轮手枪安装在一个三脚架上，其枪管由铁或黄铜制成，有 10 个预装填腔，由手动旋转。当枪管中弹药耗尽，即插入另一已装填的枪管。据记载，1722 年，派克防卫枪在 7 分钟内连续射击了 63 回合。

　　多年以后，1856 年，美国人查尔斯·巴恩斯改进了派克的设计，加了一个手动曲柄以转动枪管并且实现了枪膛尾部装置的自动化。巴恩斯给它取了一个昵称——咖啡磨枪。这种机枪可以实现能以每分钟 80 转的速率发射子弹，后来在美国南北战争中使用过。另外一名美国人，埃利泽·里普利(1782 ~ 1939 年)作了进一步改进，使之能一次使用多个弹筒。

　　金属子弹出现后，现代的速射枪才被发明。美国枪械制造商理查德·加特林(1818 ~ 1903 年)在 1862 年取得了这种枪的第一项发明专利。加特林设计的枪有一个 10 枪管组，枪管就像捆绑在一起的木棍，通过手动旋转。装在枪顶部的送弹斗在重力作用下，将子弹送入枪身，使该枪能以 350 转／分钟的速率发射。该装置应用于各种口径的枪上，在美国南北战争中显示出极大的杀伤力。后来英军也装备了该枪。

　　19 世纪 70 年代，美国士兵威廉·加德奈发明了另一种重力填弹枪。该枪由一个竖直的弹仓和两个或更多挨在一起的枪管组成。一个手动曲柄可以左右侧移机枪的后膛锁，使空弹壳掉落，替换子弹可以从上部的弹仓中被收集。

　　射击 300 或 400 次后，枪管会由于射击次数过多且过烫，这使得早期制造单枪管机枪的尝试受挫。1875 年，在曼彻斯特的罗维尔工作的德·维特法林顿发明了手动曲柄式四枪管加德奈机枪——罗威尔机枪，有 4 根枪管，但是，它的 4 根枪管在射击时并不旋转，只用一根枪管射击。当枪管过烫时，枪手转动枪管组，让下一根冷枪管继续射击。1879 年，瑞士工程师帕穆克兰兹发明了诺登佛特机枪，该枪有 12 根枪管紧密排列。12 根枪管弹药的填充和射击全部是同时完成的——通过向前推一根杆来实现。杆拉回时会退出空弹壳。

1883 年，机枪的发展进入了一个新阶段。美裔英国发明家希拉姆·马克沁（1840 ~ 1916 年）取得了马克沁机枪的发明专利，并在一年后公之于众。马克沁机枪利用机枪射击时产生的后坐力退出空弹壳，再次准备扣动扳机，将另一圈子弹插入后膛。弹圈——起初装的是黑火药（有烟火药），后来装的是无烟火药（强棉药）——连接形成了一条弹药带，机枪可以连续发射 600 转／分钟，直到整条弹药带发射完。长时间的射击会使枪膛过热，于是，马克沁在机枪上加装了一个水套，用来冷却枪管。马克沁找到合作伙伴——英国威克斯造船公司，大批量生产马克沁机枪。这种机枪被用于日俄战争（1904 ~ 1905 年）和第一次世界大战（1914 ~ 1918 年）中，给交战双方带来了巨大的伤亡。在第一次世界大战中，德国军队使用了相似的弹药带供给系统。

除了射击时的后坐力，射击时气体的膨胀释放也可以应用于机枪上。最早的气动机枪有美国人约翰·勃朗宁（1855 ~ 1926 年）发明的勃朗宁机枪，丹麦炮兵上尉麦德森的麦德森机枪，以及一家由美国人哈乞克司（1836 ~ 1885 年）创建的法国公司生产的哈乞克司机枪。哈乞克司机枪装有气动的枪栓使枪可以重新准备扣动扳机。麦德森机枪安装了一个摆动的后膛锁。1911 年，美国发明家刘易斯（1858 ~ 1931 年）设计了一架轻机枪，射速为 550 转／分钟。该枪装有圆形（"盘状"）弹仓和空气冷却套用于冷却枪管。因为该枪可以高速率的射击，而且一人就可完成射击装弹的操作，美国和英国在第一次世界大战中都将其装备到了战斗机上。1902 年，麦德森机枪只用了一个弹仓，并且用两脚架支撑，但是该机枪可由单人携带，因此，这种麦德森机枪就成为第一种轻机枪，或者称自动步枪。

不久，所有大国的军队都装备了轻机枪。因为由三位设计者乔奇、苏特里、瑞贝若利斯和法国公司 Gladiator 制造，法国人称他们制造的轻机枪为 CSRG 轻机枪。1917 年，因为美国没有相同性能的轻机枪，于是从法国购买 CSRG 机枪装备军队。1918 年，勃朗宁设计了 BAR 勃朗宁自动步枪，在第二次世界大战中被广泛应用。1924 年的 M29 机枪由法国的莱贝尔设计，并由在法国中部的 Châtellerault 公司生产。捷克斯洛伐克勃诺的哈力克兄弟设计的 ZB 26，在 1938 年以 Bren 轻机枪的名字（"Bren"由 "Br"和"en"两部分组成，"Br"代表勃诺，"en"代表恩菲尔德军火公司）装备于英军。所有这些轻机枪都可以由一个士兵携带。

更轻的轻机枪就演化成了冲锋枪。1920 年，美国军官约翰·汤普森（1860 ~ 1940 年）发明了汤普森冲锋枪。汤普森冲锋枪拥有一个直弹筒或一个更高容量鼓形的弹筒。其他类的冲锋枪包括 1939 年德国的 Erma MP40 式、英国 sten 式冲锋枪（sten 中"s"代表公司老板晒泼德；"t"代表设计者特宾；"en"代表恩菲尔德公司）。所有这些冲锋枪的射击速度都在 500 发／分钟至 800 发／分钟之间。

亚原子粒子

到 1920 年，科学家已经知道每一个原子都是由原子核和电子组成，且带正电的原子核被带负电的电子云所包围。原子并不是"基本粒子"，是构成物质的最基本的材料，不可再拆分成更小的微粒。不久，科学家们不断地发现了比原子更小的粒子，使人们对微观世界的认识更加深入。

新西兰裔英国物理学家欧内斯特·卢瑟福（1871 ~ 1937 年）用 α 粒子（氦核）轰击氮原子时，发现氢核被释放出来，也就是说，氮核中必定含有氢原子核。1920 年，卢瑟福建议将释放出的氢原子核命名为"质子"（源自希腊语中的"protos"，意思是"第一"）。质子的质量是电子的 1836.12 倍。原子绝大部分的质量都被原子核占据。同年，卢瑟福提出了比氢原子质量大得多的原子核还包含了不带电荷的微粒。

自 1919 年起，卢瑟福一直担任剑桥大学的物理教授和卡文迪许实验室的主任。卢瑟福研究的重点仍然是用 α 粒子（氦核）轰击不同种类的原子核。1925 年，英国物理学家帕特里克·布莱克特（1897 ~ 1974 年）在卢瑟福的指导下，将云室——1911 年苏格兰物理学家威尔森（1869 ~ 1959 年）发明——改进为一种能记录原子的瓦解的装置。但是 α 粒子所具有的能量还不足以将质量较大的原子核轰击成碎片，因此，对质量较大的原子核需要用能量更强的粒子轰击。1932 年，英国物理学家约翰·考克劳夫特（1897 ~ 1967 年）和爱尔兰物理学家欧内斯特·沃尔顿（1903 ~ 1995 年）在卡文迪许实验室建造了世界上第一台粒子加速器，利用电磁铁产生的强大磁场加速质子，然后直接轰击目标。

20 世纪 20 年代，德国物理学家瓦尔特·波特（1891 ~ 1957 年）在柏林领导一个科学家小组进行了一系列的科学实验，他们用 α 粒子轰击几种轻元素的原子核，这些元素包括铍、硼和锂。1930 年，他们发现轰击原子核时会产生高能穿透辐射，起初，这些科

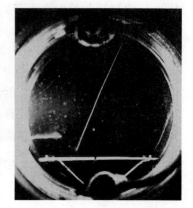

●一个云室包含水和酒精的一种蒸汽化混合物，当带电粒子从中穿过时，该混合物会浓缩。混合液滴的一道踪迹路径会产生，标示着粒子运动的轨迹。这张摄于 1937 年的照片显示了一个 α 粒子（氦核）的运动轨迹。

●安装在卡文迪许实验室的一台电压放大器，在 1937 年，它作为
菲利浦百万伏加速器的部件。其百万伏电场用于加速粒子。

学家认为这是一种 γ 射线辐射，但是这种辐射的
穿透力比任何见过的 γ 射线辐射都要强。

1932 年，法国物理学家约里奥·居里夫妇——
伊伦·约里奥·居里（1897 ～ 1956 年）和弗雷德
瑞克·约里奥·居里（1900 ～ 1958 年）——发现
用 α 粒子轰击石蜡或其他类似的碳氢化合物（由
氢和碳元素组成）时，会发射出能量很高的质子。
对这一现象的进一步研究使科学家对波特观察到
的所谓 γ 射线推论产生了越来越多的质疑。英国
物理学家詹姆斯·查德威克（1891 ～ 1974 年）在
卡文迪许实验室证实了轰击原子核所产生的射线
不可能是 γ 射线，他还指出该辐射所含的粒子的质量与质子质量一样，但是不带电荷。
查德威克认为这种新粒子是被束缚在一个电子（氢原子）内的质子，当他用 α 粒子轰
击已知原子量的硼原子时，就能计算出这种粒子质量——该粒子为 1.0087 原子质量
单位，略大于质子（1.007276 质量单位）。因为该粒子不带电荷，所以被称为中子。在
原子核内，中子很稳定，但到了原子核外，中子会衰变成一个质子、一个电子，以及
一个反中微子。质子和中子构成了原子核，一起被称作核子。

沃尔夫冈·泡利（1900 ～ 1958 年）是 20 世纪最伟大的物理学家之一，1930 年，泡
利正研究 β 射线——由不稳定的原子发射的电子流。这些电子看起来失去了一些能量，
但是没有人能找出电子失去能量的原因，这与基础的物理定律之一——能量不能凭空
创造和失去——是矛盾的。泡利为了解开这个谜团，他提出 β 辐射还包含了一种以前
不为人知的粒子，具有在静止时既不带电也没有质量的特性。意大利物理学家恩里克·
费米（1901 ～ 1954 年）在 1934 年证实了这种粒子的存在，并把它叫作中微子。

英国理论物理学家保罗·狄拉克（1902 ～ 1984 年）对量子电动力学的发展做出了
重要的贡献。19 世纪 20 年代后期，理论物理学家对电子的研究非常感兴趣，狄拉克
对德国物理学家沃纳·海森堡（1901 ～ 1976 年）对电子做出的描述很不满意，于是提
出了自己关于电子的表述——狄拉克方程，并提出电子有带上正电荷的可能性。1932
年，美国物理学家卡尔·安德森（1805 ～ 1991 年）发现了这种粒子的存在。1933 年，
帕特里克·布莱克特也独立发现了该种粒子。后来，这种粒子被称作正电子。正电子
是第一种被发现的反物质粒子。

1937 年，安德森与研究生塞恩·尼德梅耶（1907 ～ 1988 年）合作发现了 μ 子——
与电子相似的极不稳定的粒子，但质量是电子的 200 多倍。

第一台电视机

1925 年 10 月 2 日，苏格兰电气工程师约翰·洛吉·贝尔德在伦敦的工作室中传送了第一张电视图像。与美国工程师斯福罗金的后来发展出的电子式系统不同，贝尔德电视机系统的拍摄和接收基本上是机械式的。

约翰·洛吉·贝尔德 (1888 ~ 1946 年)，1888 年 8 月 13 日出生于苏格兰西部，并在格拉斯哥接受教育。第一次世界大战爆发后，贝尔德由于体弱多病而免于兵役，但他因健康的原因而失掉了电气工程师的工作。在遭受了三次生意失败的打击后，1922 年贝尔德去了英国南部海岸的海斯汀修养，就是在这里，他开始了关于电视的实验。所有的电视摄像机都具有扫描图像功能的某些方法，贝尔德将具有高转速的尼普科夫盘——波兰电气工程师尼普科夫 (1860 ~ 1940 年) 发明并获得专利——用在他的电视系统之中。尼普科夫盘是一个按螺旋形打了一系列孔的圆盘 (贝尔德用的是纸板)，

●这是一张大约在 1926 年利用贝尔德机械式电视系统扫描的一个模糊的男孩脸。这张闪动的图像只由 30 线 (扫描线) 组成。

当圆盘转动时，观察者可以通过圆盘上的孔看到物体变成了由许多的曲线或扫描线组成的图像，图像中的每一条线都是由圆盘上不同的孔产生的。1925 年贝尔德扫描的第一张图像是一位口技表演者的玩偶图像——Stookey Bill。贝尔德电视扫描的第一个运动的对象是他位于伦敦的研究室的一位行政助理。

起初，贝尔德通过导线来传输电视图像。贝尔德的"红外线摄像机"利用红外线来扫描，这样就可以在黑暗处拍到图像。1927 年，贝尔德通过电话线在伦敦与格拉斯哥之间进行了图像传输，一年后，又通过大西洋海底电

●贝尔德正在调整早期的接收装置。在图中央位置就是尼普科夫盘，随着圆盘转动，圆盘上螺旋形的一系列孔能有效地扫描图像。

报电缆将图片发往纽约。

1929 年 9 月，英国广播公司（BBC）开始尝试用贝尔德机械式电视系统播放电视节目。起初，闪烁模糊的电视图像由 30 线组成，后来增加到 60 线，最后达到了 240 线。1932 年，贝尔德用无线电短波进行了电视图像信号的传送，试验性的播出一直持续到 1935 年。商业性的电视播出在英国从 1937 年才真正开始，当时 BBC 用的是由英国 Marconi-EMI 公司开发的 405 线电子式电视系统。但是由于第二次世界大战的爆发，电视播出不得不暂停。在第二次世界大战结束前夕，贝尔德制造出了彩色电视机，拥有三维画面宽屏系统（利用投影）以及立体声。在他逝世后，电视播放又恢复了，这时的电视所采用的全是电子式的电视系统。

1908 年，苏格兰电气工程师阿兰·阿奇博尔德·坎贝尔-斯文顿（1863 ~ 1930 年）提出了电子电视摄影系统的原理，但当时的设备还无法将他的想法变成现实。后来，他设想将阴极射线管用在电视的摄像机和接收装置中。他认为图像信号可以借助电线传送，或借助新发明的无线电技术，只要在电视播放发射的范围内就可以接收到图像的信号。

在美国，俄裔美国电气工程师斯福罗金（1889 ~ 1982 年）从研究的开始就摒弃了贝尔德圆盘技术路线，而转向了电子式路线，1923 年，斯福罗金将阴极射线管发展成了光电摄像管，利用电子束来扫描图像。摄像机透镜将外部场景的光聚焦在用铯-银细粒镶嵌的信号板上，每颗金属细粒释放出的电子数量与投射光的量成比例，而光电摄像管的电子束在扫描信号板时，会不断补充电子。于是，从信号板放出的电子流会随着光的强度的变化而变化，现在我们将这种输出的信号称为视频信号。1927 年，美国发明家菲洛·法恩斯沃思（1906 ~ 1971 年）开发了一台相似的摄像机（1930 年获得专利）。斯福罗金后来加入到美国无线电公司（RCA），并在随后几年里对自己的电视系统做了改进。从 1939 年起，美国无线电公司却不得不向法恩斯沃思缴纳专利使用费。1941 年，哥伦比亚广播公司（CBS）开始在纽约的 WCBW 电视台尝试彩色电视广播，但直到 1951 年，彩色电视信号才开始定期播出。

● 一台 1936 年的英国电视接收机内部装有一个垂直的阴极射线管和一个水平的屏幕，通过一块已设置好角度的镜子将影像反射到观看者眼中。这样的电视机价值约 90 几尼（160 美元）——相当于当时的一辆家庭轿车的价钱。

扫码获取更多资源

改变世界的火箭

1969 年，一艘巨大的"土星 V"火箭将三名美国宇航员送上月球，其中有两名登陆月面。过了没多久，另外的火箭将他们安全地送回了地球。这项起源于将近 8 个世纪之前的中国的古老技术让这一切成为可能。

中国在公元 1100 年前后开始使用火箭，那时主要是作为观赏性的烟花和战场上的武器。中国古代的火箭技术很快传到了欧洲，1288 年，摩尔人就曾用火箭攻击西班牙的巴伦西亚。后来出现了多级火箭（将一个火箭装在另一个的顶部）。1715 年，俄国的彼得大帝在圣彼得堡附近建立了一个火箭制造工厂。

这些早期的火箭都是固体燃料火箭，燃烧黑色火药——木炭、硝石和硫黄的混合物。1806 年，英国军事工程师威廉姆·康格里夫（1772 ~ 1828

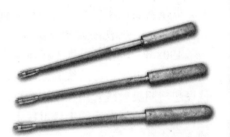

●为保持飞行的稳定，康格里夫火箭装有一根长长的"尾巴"，末端装有小小的翼片，就像箭一样。英国军队曾用这种火箭抵抗拿破仑军队，并且在革命战争中用来抗击美军。

年）开始研发带爆炸弹头的火箭，发射弹药点燃后，当火箭命中目标时，就触发了弹头中火药的爆炸。有些类型的康格里夫火箭重达 27 千克，利用斜面发射，这类火箭可以命中 2.5 千米外的目标，曾在拿破仑战争中作为大炮使用，轰炸法国布伦（1806 年）和丹麦哥本哈根（1807 年）。在革命战争期间，英国曾经建造了可发射火箭的舰船来抵抗美军的攻击。

康格里夫火箭有一条长长的木制箭尾，就像现代的烟花。为了提高火箭在飞行中的精确性和稳定性，1844 年英国发明家威廉姆·黑尔（1789 ~ 1870 年）在火箭的尾部装上 3 只倾斜的安定翼，这能使火箭自身旋转从而达到稳定。这样火箭就不用装上长长的木制箭尾了。19 世纪中期，墨西哥战

●在 20 世纪 30 年代早期，赫尔曼·奥伯特（图左戴帽者）发明了流线型液态燃料火箭，在外观上与先前的固体燃料"长杆"火箭非常不同。

争和美国南北战争中都使用了黑尔火箭。军用火箭发展曾一度陷入低谷，直到 20 世纪 30 年代多级火箭发射装置和导弹的出现。火箭除了军事用途外，还应用到了其他的方面，比如 1928 年，在德国，一辆由 28 只火箭驱动（按顺序点燃）的汽车行驶速度达到了 180 千米／小时。

1903 年，俄国天体物理学家康斯坦丁·齐奥尔科夫斯基（1857～1935 年）首先完善了现代火箭技术理论，但是他的火箭技术理论直到 1926 年由美国发明家罗伯特·戈达德（1882～1945 年）发射了第一颗液体燃料火箭才得以应用到实际，并预示着火箭的发展进入了一个新的时代。戈达德使用汽油和液氧作为燃料，在他马萨诸塞州的奥本市的姑妈家农场里将火箭发射升空，火箭的速度达到了 105 千米／小时，并且攀升到距地面约 12.5 米的高度。1935 年，戈达德火箭飞行的速度已经达到 1 000 千米／小时，攀升的高度达 2 400 米。

戈达德的研究成果并没有引起美国政府的兴趣，但他仍然继续潜心研究火箭技术。在德国，科学家赫尔曼·奥伯特（1894～1989 年）领导了一个研究小组在 1931 年成功研制出汽油与液氧混合的液体燃料火箭。他们的研究在两年后受到了来自由谢尔盖·科罗廖夫（1906～1977 年）领导的苏联火箭研究小组的竞争。1930 年，18 岁的工程专业学生沃赫·冯·布劳恩（1912～1977 年）加入了德国的火箭研究小组，研究小组得到了德军的支持，并在 1936 年在波罗的海海岸佩内明德获得了一批研制火箭的新式设备。在这里，冯·布朗指导研制 V-1 和 V-2 火箭。V-1 由脉冲式喷气发动机提供炸弹（导弹）飞行的动力；携带 1.1 吨重弹头的 V-2 型火箭弹是第一枚可导引的液体火箭动力导弹。在第二次世界大战结束前夕，德国用这两种导弹轰炸了英国东南部。

第二次世界大战结束后，冯·布劳恩和德国其他许多科学家在美国新墨西哥州的白沙实验场继续进行火箭的研究工作。他们以 V-2 为雏形，在 1946～1952 年间共发射了 60 多枚火箭。他们在 V-2 火箭的"鼻"部接上了一枚更小的火箭，这也就是二级火箭，这一改进使火箭飞得更高。第二次世界大战结束后，美国和苏联的火箭技术都发展迅速，争相研制洲际弹道导弹和太空运载火箭，这一空间军备竞赛持续了 30 年。

●第二次世界大战中，苏联的喀秋莎移动式火箭发射装置是一种精度不高但威力很大的武器，可以连续地快速发射 6～7 枚高爆炸力火箭。

青霉素和抗生素

20世纪早期，全世界每年都会有数百万的人死于例如白喉、肺炎和败血病等细菌感染疾病。但是，一种可以杀灭病菌的霉菌发现后，这种状况彻底改变了。

从19世纪后期开始，由于法国化学家巴斯德（1822～1895年）和其他人的研究发现，科学家和医疗工作者开始认识到人类一个新的敌人——细菌，或"病菌"。许多细菌已经被科学家所识别，并且其引起的疾病症状也被充分的认识：例如，葡萄球菌可以引起疖子和其他的皮肤感染症状、食物中毒、肺炎和败血病；链球菌可引起咽喉感染和各种发热症状；许多杆菌可引起破伤风、炭疽热、白喉和食物中毒等症状。

●这是1928年亚历山大·弗莱明发现青霉素的原始培养基，我们可以发现，在青霉素大菌群（图中培养皿上部）周围，葡萄球菌小菌落不能生长。

同一类型的病菌感染伤口时可能引起难忍的病痛。苏格兰细菌学家亚历山大·弗莱明（1881～1955年）的研究方向就是伤口感染。不同于当时其他的医学研究人员的想法，他认为对付细菌感染不必借助化学药品，相反，可以借助天然的手段。所以，当德国化学家保罗·奥利克（1854～1915年）还在潜心研究化学疗法时，弗莱明正在研究生物疗法。20世纪20年代中期，弗莱明由于发现了溶菌酶（由活细胞分泌的可以降解其他有机材料的一种酶）已名声在外了。他认为，在对抗细菌感染的战争中，这种天然存在的微生物将会起到关键作用。

1928年，当他外出度假回到伦敦圣玛丽医院实验室时，弗莱明发现放在皮氏培养皿中培养的葡萄球菌出现了一些奇怪的现象：在他外出度假这段时间里，一种霉菌在培养皿中生长出来，并且好像杀死了葡萄球菌。弗莱明鉴别出这种奇怪的霉菌属于青霉菌属，并且还发现青霉菌产生的液体青霉素正是有效杀灭大量不同细菌的功臣。令弗莱明更加兴奋的是，他发现这种液体对健康的活性组织并没

●弗莱明在第一次世界大战中在英国皇家军事医院服役。他的经历对他寻找治疗伤口感染的方法产生了很大的影响，并促使他发现了第一种抗生素——青霉素。

●青霉菌（放大了400倍）适合在潮湿、营养丰富的物质上生长，如腐烂的植物和土壤。我们最熟悉的发霉的面包或腐烂的水果上长出的蓝绿色的霉菌就是青霉菌。

有影响，于是弗莱明认为将它用于人体也是安全的。但是，它也存在缺点，开始，它对一些致病菌——特别是瘟疫和霍乱致病菌并没有杀灭的效力。事实上，青霉素对革兰氏阳性菌只起到抑制作用，革兰氏阳性菌的细胞壁含有厚厚的一层肽聚糖——提供细菌的形状及支持力的物质，青霉素可以抑制肽聚糖的形成而使细胞壁变得非常脆弱。更令人沮丧的是，青霉素很难生产——青霉菌分泌出的1毫升液体中，只有大约0.000002毫升具有青霉素活性成分，如此微量的活性成分在提取过程中非常容易损失掉。

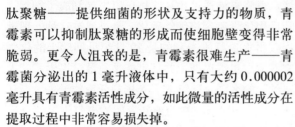

大 事 记
1877年 巴斯德发现了能够杀灭炭疽病杆菌的细菌
1921年 弗莱明在活细胞中发现了溶菌酶
1928年 弗莱明确认了青霉素
1940年 老鼠和人类患者用青霉素治疗
约1943年 青霉素大规模生产

起初，这些问题看起来是难以逾越的障碍，直到1939年，牛津大学的一群科学家开始继续弗莱明的研究。这个研究小组有澳大利亚的病理学家霍华德·弗洛里（1898～1968年）和德国生物化学家厄恩斯特·钱恩（1906～1979年）——一名希特勒政权下的流亡者。1940年，他们成功地提取出青霉素并开始拿老鼠做药理实验，实验的结果令人吃惊：一定剂量的青霉素确实可以挽救感染了致命病菌的老鼠。受到实验成功的鼓舞，弗洛里开始尝试用青霉素为患有严重败血症的病人治疗，患者的病情有所好转，但是治疗所需的青霉素的量很大，实验室根本无法满足需要，这个患者最后还是死了。但是，这次临床实验的结果使一些制药公司相信了青霉素的重要作用。此后由于英国生物化学家诺曼·希特利（1911～2004年）改进了青霉素生产过程中的精制步骤，使得这种神奇的药物从1943年开始在美国和英国得以批量生产。

在第二次世界大战中，青霉素挽救了大批同盟国伤员的性命。第二次世界大战结束后，青霉素作为一种具有神奇疗效的抗菌药物迅速传遍世界各地，由病菌感染的致死疾病如炭疽热、肺炎、破伤风和败血病等立刻得到了有效遏制。弗莱明、弗洛里和钱恩也因此获得了1945年的诺贝尔医学奖。希特利在挽救生命的工作上默默无闻地奉献了50年，为了表彰他的杰出贡献，牛津大学在1990年授予他荣誉奖章。

人造纤维的发明与普及

几个世纪以来，纺织工所用的织布材料只有4种纤维：蚕丝、羊毛、棉花和亚麻。他们也同样利用黄麻和大麻编织麻绳和麻袋。人类首先尝试仿造最昂贵的天然丝——蚕丝来研制人造纤维。

●卡罗瑟斯在杜邦公司首先研制出了尼龙。他领导这个项目的研究工作，并生产出合成氯丁橡胶。

蚕丝由植物纤维素构成。模仿蚕丝的制造过程中必须将纤维素（木浆或棉花中的）溶解成黏性溶液，再将黏液通过小孔，挤压出来就制成了细丝，随后用化学制剂将细丝硬化。最早通过这种处理过程获得人造纤维专利的是19世纪早期瑞士的化学家乔治·奥得玛斯，并且可能是他最早提出了"人造丝"的名词。1883年，英国科学家约瑟夫·斯旺（1828～1914年）在为他新发明的电灯泡寻找合适的灯丝材料时发现：如果将硝酸纤维素（强棉药）溶解在醋酸（乙酸）中，然后将溶液从一系列微小的孔眼中挤压出来，就能制造出纤维素纤维。

1884年，法国化学家希雷·夏尔多内（1839～1924年）也制造出了类似的纤维。夏尔多内研究蚕病的时候对蚕丝的制造过程产生了兴趣，于是决定仿造蚕丝。他先将棉花屑制成醋酸纤维素，然后将它溶解在一种溶液中，最后将这种黏性溶液用力挤压过叫作喷丝头（类似蚕和蜘蛛腹部的结构）的狭小网眼形成丝。起初，生产出的这种人造丝被称作"夏尔多内丝"，后来改称醋酸人造纤维。

德国化学家生产出了一种专利产品——格兰茨托夫粘胶纤维，是将纤维素溶解在硫酸铜和氢氧化氨的混合溶液中得到的产品，这一过程也被称作铜氨法。1892年，英国的化学家埃德温·毕文（1856～1921年）和查尔斯·克罗斯（1855～1935年）将纤维素溶解在氢氧化钠和二硫化碳的混合溶液中，然后将形成的溶液通过喷丝头"吐出"一根根细丝，通过硫酸液喷淋后，这些纤维素则再

●20世纪30年代，英国考陶尔兹公司刊登的人造丝的广告语："当今最纤细柔滑的人造丝"。该人造丝主要用于制作女性内衣。

生为人造纤维，这就是粘胶过程，生产出的产品就是粘胶人造丝。

　　1935年，美国化学家华莱士·卡罗瑟斯（1896～1937年）制做出了第一种全人造合成纤维，这是一种聚合物——聚酰胺。因为其时的两个原料化合物每个单体中都含有6个碳原子，所以卡罗瑟斯将之命名为尼龙66。1938年，卡罗瑟斯所在的公司——杜邦公司公布了这个秘密产品。而在这前一年，即1937年，卡罗瑟斯由于抑郁症的折磨而自杀身亡。1938年以后，杜邦和其他公司开发并推出了多种尼龙产品。

大 事 记	
1883年	斯旺发明人造丝工艺
1884年	夏尔多内发明醋酸纤维
1892年	毕文和克罗斯发明粘胶纤维
1935年	尼龙66问世
1941年	达卡纶（涤纶）问世

　　1941年，化学家约翰·温费尔德（1901～1966年）和詹姆斯·迪生研制出了一种不同类型的聚合物——聚酯纤维，并用商品名达卡纶和涤纶推向市场。聚酯纤维由对苯二甲酸和乙二醇聚合而成，并通常和天然纤维如羊毛等混合。聚酯纤维布料比尼龙布料更耐穿并且更耐热，比其他的人造纤维产品更不易褪色。20世纪50年代，美国化学家用氰化物合成了奥纶，用于羊毛织物和人造毛。阿克利纶则是同一时期合成的另外一种丙烯酸纤维。

　　通过实验，斯旺将纤维素纤维用做了电灯泡的灯丝材料。1964年，美国赫克力士公司和英国考陶尔兹公司各自独立地重新发明了碳素纤维。许多制造商将碳素纤维与各种塑料混合在一起制成高强度多功能的复合材料。碳素纤维复合材料可用于休闲运动器材如高尔夫球棍、网球拍和帆船桅杆等，还可用于工业产品如涡轮叶片和直升机螺旋桨等的制造。

　　制造纤维的材料还包括了一些无机物，如玻璃和石棉。玻璃纤维可以用于织布或用来增加地毯和帐篷材料的强度。玻璃纤维加入到合成树脂中就制成了复合型材料玻璃纤维。玻璃纤维具有广泛的用途，如用于制作轻质船外壳和汽车车身等。用石棉纤维织成的布料具有防火的功能，可以做成手套和消防衣。

●达卡纶（涤纶）在1941年发明后直到20世纪50年代才进行工业化生产。用达卡纶织成的布料耐穿且洗后不易变形。达卡纶常和天然的纤维如羊毛混合，用于编织布料。

143

直升机的演化

早在 1483 年，意大利艺术家和发明家达·芬奇（1452～1519 年）就绘制了一幅安装有一个大型垂直螺旋桨的飞行器草图。他指出，如果螺旋桨旋转得足够快，飞行器就会升到空中。但不幸的是，达·芬奇不清楚扭矩这一现象，扭矩会使飞行器在螺旋桨静止的情况下产生旋转。

即使达·芬奇了解扭矩的原理，在他生活的时代也没有为螺旋桨旋转提供驱动力的引擎。1877 年，意大利的一个土木工程师恩里科·弗拉尼尼（1847～1918 年）和一位法国人居斯塔夫·庞顿·德·阿姆考特试制一架蒸汽动力直升机模型。这个模型在一根共用的轴上装有一对朝相反方向旋转的旋翼，并装有一台小型蒸汽引擎。它在试飞中最高曾飞到了 15 米的高度，并在空中盘旋了近 1 分钟。

●阿根廷发明家劳尔·佩斯卡拉是早期直升飞机研究的先驱之一。他设计制造的第三架直升机装配了多桨片旋翼，1924 年打破了当时直升机空中飞行停留 10 分钟的纪录。图中所示的是在法国的一次试飞情况。

在 20 世纪初，提供动力支持的是汽油燃机。1905 年，英国工程师 E.R. 曼福特设计了一个竹制机身的机器，该机器装配了 6 个 7.5 米的螺旋推进器，该设计获得了一项发明专利。1912 年，E.R. 曼福特用绳索将一位飞行员绑在机身上，将其提升到了离地面 3 米的高空。法国工程师布雷盖·里歇（1880～1955 年）和他的兄弟雅克也尝试用汽油燃机作为直升机的引擎，1907 年他们建造了一架装有 4 副旋翼的飞行器，每副旋翼由 1 对双翼桨叶组成，总共有 32 片巨大的桨叶。这架直升机很笨重，布雷盖的一位助手被绳子拴着站在上面，提升到距离地面 60 厘米的高度，并在空中停留了 1 分钟左右。两个月之后，法国自行车工程

●20 世纪 30 年代末，海因里希·福克设计制造的直升机装有两副三桨叶旋翼和一个传统的推进器，飞行的速度可以达到 120 千米／小时，并且拥有不间断飞行时间 1 小时 20 分钟的纪录，这个纪录在很长一段时间内都没被打破。

● 1939年，伊戈尔·伊万诺维奇·西科尔斯基在一次系统飞行中操纵他自己研制的VS-300直升机。这是单旋翼直升机首次试飞成功，并且被美国和英国在第二次世界大战前期用于装备军队。

师保罗·卡努（1881～1944年）在法国西北部的里济厄进行了首次直升机自由飞行试验。保罗·卡努的直升机装有2副旋翼，但是此次飞行持续的最长时间只有20秒，距离地面的高度也只有2米。

两架法国直升机都没能成功地解决航向稳定问题——支撑直升机飞行的关键因素。在1908～1919年间，俄裔美国工程师伊戈尔·西科尔斯基（1889～1972年）下决心要解决这个问题，他于1919年移居美国，在那里建造试验性的直升机。其他的科学家也相继加入到攻克这一技术难题的队伍中，其中包括1918年美国电气工程师皮特·库珀·休伊特（1861～1921年）；1935年法国科学家布雷盖和杜兰德（1898～1981年）；1936年德国科学家海因里希·福克等。福克研制的Fa-61双子旋翼直升机能够以120千米／小时的速度向前和向后自由飞行，并且飞行的高度也可达2400米。Fa-61还创造了空中飞行停留时间的最长纪录——1小时20分钟。1938年，德国飞行员汉娜·里特斯（1912～1979年）驾驶该飞机飞入柏林的Deutschlandhalle上空。

最终，1939年西科尔斯基研制建造了第一架实用型的单旋翼直升机，并首飞成功。这种直升机能够垂直起飞，并且最大的向前飞行速度可达70千米／小时，这架直升机拥有一个封闭的机舱，网格结构的机尾上装有一个小型的垂直推进器，用于调节控制直升机的飞行方向。这一设计就解决了单旋翼飞机中长期存在的扭矩问题——扭矩的作用力会使整个机身旋转。在第二次世界大战的前期，美国和英国军队装备了改进型的西科尔斯基VS-300直升机，在1942年5月，美国军队首次装备改进型的直升机；1943年，英国皇家海军装备了性能更强的西科尔斯基R-4直升机。军用直升机在朝鲜战争（1950～1953年）中得到更广泛地使用，主要是起到运输军队和伤员的作用。在越南战争（1954～1975年）中，美国军队将武装直升机作为空中炮火的支援引入到战场实战中，其强大的火力支持和机动灵活的特点使之成为战场中一种可怕的战争利器。

大 事 记	
1877年	蒸汽动力飞行器模型问世
1907年	试验性汽油引擎直升机问世
1939年	第一架实用型单旋翼直升机（西科尔斯基设计）问世
1942年	西科尔斯基直升机在美国部队交付使用

雷达的发展

在 20 世纪 20 年代和 30 年代，美国和英国的无线电工程师称：飞过的飞机会使他们的广播信号失真——部分无线电信号被飞机"弹开"了。于是，科学家们意识到这种类型的无线电反射可以成为探测飞机或其他物体，如船只或冰山的一种方法。

雷达意为"无线电侦察和测距"，这很好地表达了雷达的功能。雷达探测飞机时，首先发射出高频率的无线电脉冲（微波），然后用接收天线捕捉任何飞机反射回来的无线电信号，微波信号被反射回来的方向就揭示了目标的方向，而且目标的距离可以根据微波从发射和接收所耗的时间计算得出。

1904 年，德国工程师克里斯蒂安·侯斯美尔（1881 ~ 1957 年）发明了一套利用上述原理工作的装置，并取得了专利。他设计了一套利用连续波（非电磁波脉冲）的系统来预警船只在海上可能发生的相撞。1922 年，美国华盛顿海军研究实验室的工程师发射的无线电信号越过波拖马可河，并探测到了过往的船只。1938 年 9 月，随着第二次世界大战的迫近，英国沿着东海岸和南海岸建起了一条筑在 100 米高的塔台上的"本土链"雷达网，这样他们可以监测到 320 千米以内的敌机。

高频雷达信号需要特殊的电子，早期的雷达发射机上用的是美国物理学家阿尔伯特·赫尔（1880 ~ 1966 年）在 1921 年发明的真空管——磁控管。1934 年，法国半导体公司（CSF）亨利·古东发明了磁控管的改进版。谐振腔式磁控管利用共振的"腔室"或空腔来产生信号，它是由英国伯明翰大学的两位教授约翰·纳达尔（1905 ~ 1984 年）和亨利·布特（1917 ~ 1983 年）于 1939 年发明的。这种新装置产生的波长可以小到 9 厘米，雷达利用它可以探测到 11 千米外的一艘潜水艇的潜望镜。1938 年，美国无线电工程师罗赛尔·瓦里安（1898 ~ 1959 年）兄弟发明了速调管——一种专门用于产生和放大高频电流的可用于雷达的装置。

第二次世界大战结束后，雷达在和平时期找到了更多的用武之地。苏联天文学家在 1962 年用雷达探测了水星，并且在 1963 年探测了火星。美国太空总署（NASA）利用空间轨道探测器测绘地球海底地貌，甚至探测了金星的表面状况。天气预报拓展了卫星雷达的用途，气象站上旋转的雷达可以探测天空各高度的云层、云的种类、移动方向和速度，便于气象专家做出中短期的天气预报。执法部门如交通局可以借助雷达测速的方法来判定汽车是否超速行驶。

随着人类科学技术水平的提高，雷达的应用领域也越来越广泛。科学家们把电子计算机技术与雷达探测功能相结合，开创了雷达应用的广阔前景。

沃赫·冯·布劳恩与火箭

沃赫·冯·布劳恩是一位受过专业培训的杰出工程师，在火箭技术领域造诣很深，被称为"火箭之父"或"导弹之父"。布劳恩的工作经历分成两个阶段：第二次世界大战结束前，他在德国为希特勒的"复仇使者"研制火箭；第二次世界大战后，他成为美国公民，并在美国太空总署（NASA）研究工作，对美国的航天事业的发展做出了极其重要的贡献。

沃赫·冯·布劳恩（1912～1977年）生于德国的一个贵族家庭。布劳恩早年就读于瑞士苏黎世技术学校，1932年毕业于柏林工学院。1934年获柏林大学物理学博士学位。从1930年起，他开始为德国天空旅行协会制作试验火箭。但是，根据《凡尔赛条约》，火箭试验在德国是被禁止的，所以为了继续对火箭技术的研究他不得不借助军事力量。布劳恩在德国柏林郊区的卡马斯道尔夫军事基地进行了火箭试射。1932年，布劳恩的研究引起了当时德军弹道军备部负责人W.R.多恩伯格（1895～1980年）的注意。阿道夫·希特勒（1889～1945年）回归后，他进入了在波罗的海海岸上的佩内明德新组建的火箭研究中心，并在1936年成为这里的主任。

在佩内明德，布劳恩取得的最大的成就就是建造了"复仇使者2"——V-2火箭。1941年，V-2火箭最初作为A-4由多恩伯格设计，采用液氧与乙醇的混合燃料，重量超过11吨，并携带有一个含有1.1吨炸药的弹头。V-2火箭发射的速度达到了760米／秒，这个速度可以使火箭飞入上层大气层。1944年起，德军发射了4300枚V-2火箭，大部分落在了比利时的安特卫普和英国伦敦市内或周边地区，造成了极大的破坏。

第二次世界大战结束后，布劳恩和研究小组的100名成员向美军投降，并去美国。在离开德国时，他们带走了仍然贮存的2000枚V-2火箭的一些。从1946年起，布劳恩在新墨西哥州的白沙试验场工作。1950年转到了位于亚拉巴马州亨茨维尔的弹道导弹局工作，他将V-2火箭改进为能携带核弹头的"红石"导弹。1955年，布劳恩加入了美国国籍并被征聘到美国太空总署（NASA）。1958年，用他设计的"丘比特"C型火箭（后更名为"丘诺1号"火箭）成功发射了美国第一颗人造地球卫星"探险者1号"。1958年10月，布劳恩领导研究小组为美国载人宇宙飞船项目建造了水星计划太空舱，1962年约翰·格伦（1921年～）乘坐"水星友谊7号"宇宙飞船绕地球飞行了3圈。1960年，布劳恩成为马歇尔航天中心主任，并为NASA的阿波罗计划建造了当时世界上最大的火箭——"土星V"三级运载火箭。布劳恩最激动人心的研究成果是1969年美国航天员代表人类第一次驻足月球的那一次。1972年，布劳恩从NASA退休。

原子核裂变

20 世纪早期，物理学家们一直致力于研究当原子受到亚原子粒子轰击后将会发生什么样的变化。一系列的实验使科学家认识到，在某些情况下，这种轰击能在核反应堆中通过原子核裂变释放出大量的能量，并可以用来发电。到 2005 年 1 月，已有 439 座可控原子核反应堆分布在世界各地，核电量已占总发电量的 16%。

1932 年，英国物理学家约翰·考克劳夫特（1897～1967 年）和爱尔兰物理学家欧内斯特·沃尔顿（1903～1995 年）开始在英国剑桥大学的粒子加速器中进行高能质子实验。1934 年，法国物理学家伊伦·约里奥－居里（1897～1956 年）和弗列德里克·约里奥－居里（1900～1958 年）发现质子轰击有时会产生靶原子的放射性同位素。两年后，意大利裔美国物理学家恩里科·费米（1901～1954 年）在罗马发现用中子——1932 年由英国物理学家查德威克（1891～1974 年）发现——在撞击原子时，比质子更有效。

中子轰击通常会通过中子吸收产生更重的原子。但是，当费米轰击一些重元素——尤其是铀原子时，他发现会有更轻的原子核产生。1939 年，德国物理学家奥托·哈恩（1978～1968 年）和弗里兹·斯特拉斯曼（1902～1980 年）确定铀轰击后的产物是只有原来一半质量的铀元素，他们由此证实了铀原子核已被打破，原子核裂变已经发生了。

同一年，瑞士斯德哥尔摩大学的奥地利女物理学家赖斯·梅特纳（1878～1968 年）和她远在丹麦哥本哈根大学（当时与丹麦物理学家波尔一起工作）的侄子奥托·弗瑞士（1904～1979 年）共同解释了原子核裂变问题——铀原子核吸收了一个中子后发生剧烈地摆动，然后分裂成两部分并释放出 2×10^8 电子伏（3.204×10^{-11} 焦耳）的能量。哈恩和斯特拉斯曼后来发现，除了产生大量

● 这是考克劳夫特 1932 年在剑桥大学卡文迪许实验室粒子加速器（与沃尔顿共同建造）旁的照片。为了表彰他们的杰出研究，1951 年考克劳夫特和沃尔顿一起获得了诺贝尔物理学奖。

● 1942 年，科学家在芝加哥大学正在观察原子核反应堆中的可控裂变链反应情况。因为辐射无法拍下当时的情景照，这是一位画家描绘的当初的情景。

能量之外，铀原子核裂变释放的中子会引发其他铀原子核裂变，由此引起的可能的链式反应将会释放出异常巨大的能量。这一结论后来被约里奥－居里夫妇和利奥·西拉德通过实验证明了。西拉德（1898～1964 年）是匈牙利裔美国物理学家，当时和恩里科·费米一起研究可控核裂变反应，后来进入纽约哥伦比亚大学工作。

铀会自然产生 3 种同位素，并且总是占相同的比例：铀 $-238(^{238}U)$ 占 99.28%，铀 $-235(^{235}U)$ 占 0.71% 和铀 $-234(^{234}U)$ 占 0.006%。波尔经过计算得出铀 $-235(^{235}U)$ 比其他两种同位素更易发生核裂变。这就意味着必须用一种方法分离出铀 $-235(^{235}U)$ 同位素，这种方法就是如今所知的"铀浓缩"技术。波尔还指出，如果中子被减慢，核裂变效应会更显著。西拉德和恩里科·费米建议用一种"减速剂"，如重水或石墨物质围绕铀，用来减缓中子速度。

1939 年第二次世界大战爆发前两天，波尔和美国理论物理学家约翰·惠勒（生于 1911 年）发表了一篇描述整个核裂变过程的论文。同样在 1939 年，法国物理学家弗朗西斯·佩兰（1901～1992 年）提出，通过确保释放出足够多的中子撞击其他的铀核维持一个链式反应，就需要确定铀的"临界质量"。佩兰还认为，可以通过添加一种吸收中子（非减慢中子）的物质的方式来控制裂变的反应率。在英国工作的德裔物理学家鲁道夫·佩尔斯（1907～1995 年）进一步发展了这些观点。1942 年，恩里科·费米在芝加哥大学设计了世界上第一座原子核反应堆，12 月 2 日开始运作。1951 年，美国在爱达荷州瀑布附近的国家工程实验室建立了一座实验性增殖反应堆，并成为首座发电的核反应堆。

科学家已经意识到持续的核裂变反应可用于制造拥有巨大能量的炸弹。研制这种原子弹的工作已经在英国和美国悄然进行。1942 年 8 月，这两个计划合并成著名的曼哈顿计划。1945 年 7 月 16 日美国研制的第一颗原子弹在新墨西哥州试爆成功。

在苏联，这项研究在独立地推进，到 1940 年苏联科学家也已认识了核裂变原理并认识到链式反应的可能性。直到 1942 年，斯大林才被说服苏联可以发展原子弹，一项由核物理学家伊格尔·库恰托夫（1903～1960 年）领导的原子弹制造计划正式启动。1948 年，苏联第一座核反应堆开始运行，1949 年 8 月，苏联第一颗原子弹爆炸。

第一台计算机

　　计算机是能够按照程序的指令完成信息和数据处理等各种工作任务的电子机器。现在，我们所说的计算机通常指的是数字计算机，以阿拉伯数字或二进制符号的形式来处理各种数据。

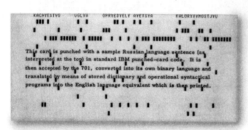

● 这张穿孔卡片被IBM701计算机采用，可以迅速地将俄语的语句翻译成可理解的英语句子。位于卡片上沿的俄语句子翻译成："煤的质量用所含的卡路里来衡量。"

　　二进制是一个只使用两个阿拉伯数字1和0的数字系统，计算机根据电流脉冲的有无变化，将要处理的信息以二进制方式进行编译处理和存储。根据上述原理，临近第二次世界大战结束时，美国陆海军已使用了世界上第一台这样的计算机。当时的计算机是装有成千上万根真空管的巨大机器，是由20世纪30年代末电子式计算机发展而来的，而电子式计算机则源自更早期的机械式计算机。约公元前3000年发明的算盘是人类最早的计算器，由装有可移动算珠的框架组成，直到现在中国和日本的部分地区仍在使用算盘。1614年，苏格兰数学家约翰·内皮尔（1550～1617年）发现了对数，从而简化了烦冗的乘除法运算。1925年，剑桥的威廉·奥瑞德（1574～1660年）发明了对数计算尺，使计算"机械化"。

　　1642年法国科学家巴斯·帕斯卡（1623～1662年）利用相互啮合的嵌齿设计了一

● 1949年曼彻斯特大学建造的可存储程序计算机占据了整个实验室。尽管它的体积很大，但是它的计算能力远远不及现在的笔记本电脑。

部机械式加法器，1833 年，英国数学家查尔斯·巴贝奇（1792～1871 年）采用帕斯卡的设计原理发明了分析机，它能通过编程进行特殊的计算，开创了近代电脑的先河。带有键盘的计算机（键控计算机）从 19 世纪 80 年代由发明家——如美国的发明家威廉·巴勒斯（1855～1898 年）——开发并发展而来。后来的这种计算机还拥有打印输出功能。

早期大多利用打孔带或打孔卡片的方式向可编程计算机输入数据。大约在 1805 年，法国发明家雅卡尔（1752～1834 年）设计了一种通过遵从打孔卡片的一条无限长的带子上的指令，能够在地毯上织出各种图案的编织机。美国发明家贺门·哈雷里斯（1860～1929 年），根据雅卡尔编织机的原理，设计了类似的卡片，统计和分析 1890 年美国人口普查的结果。1896 年，哈雷里斯创立了统计机器公司，1924 年与另外两家公司合并，成为长期执电脑界牛耳的 IBM 公司的一部分。

电子机械化计算机出现在 20 世纪 30 年代，如美国科学家万尼瓦尔·布什（1890～1974 年）和约翰·阿塔纳索夫（1903～1995 年）发明的计算机。1942 年，阿塔纳索夫建造了一台电子计算机——ABC 机。ABC 机由真空管组成，而且可以通过编写程序处理数据，是世界上第一台数位电子计算机（争议中）。2 年后，美国哈佛大学的数学家霍沃德·艾肯（1900～1973 年）研制出了手工操作数字计算机，通过打孔纸带控制。1946 年 2 月，世界上第一台全电子计算机 ENIAC（电子数字积分计算机）在美国宾夕法尼亚大学诞生，这台计算机仍采用真空管作为基本部件。

1946 年，匈牙利裔美国数学家约翰·冯·诺伊曼（1903～1957 年）在普林斯顿大学研制了第一台二进制储存程式计算机，此后美国计算机工程师约翰·埃克特（1919～1995 年）和约翰·莫奇勒（1907～1980 年）推出结合了冯·诺伊曼设计理念的 UNIVAC-1，为第一种量产电脑，开启了第一个电脑的时代。1 年后，他们对 UNIVAC-1 进行了改装，使用了磁带存储装置。1949 年，英国曼彻斯特大学的一个研究小组在图灵（1912～1954 年）领导下也建造了一台可存储程序的计算机。图灵在这之前在普林斯顿大学工作过。曼彻斯特大学的计算机的成功使英国政府委托费朗蒂公司批量生产。在此后几年里，费朗蒂公司总共卖出 8 台 MarkI 型计算机——在当时这个数字已经很大了。

美国物理学家在 20 世纪 40 年代晚期发明了晶体管后，计算机的体积越来越小且处理速度越来越快。到 20 世纪 60 年代中期，硅片出现了，于是在 1970 年设计出的电路并入一块全电脑微处理器可以集成到单块的硅片上。如今，微晶片有着更广泛的用途，不但用在个人电脑上，而且还用于家用电器、汽车和工业机器人的嵌入系统中。

DNA——双螺旋

早在 20 世纪 50 年代之前，科学家就已经知道染色体上的基因是遗传因子。同时，他们也已了解到染色体是由多种蛋白质和一种叫作脱氧核糖核酸（DNA）的复杂化合物组成的。

1951 年，美国化学家李纳斯·鲍林（1901～1994 年）开发了一种解析生物大分子结构的技术。他描述了一组具有螺旋（三维螺旋）分子结构的蛋白质。他清楚地认识到基因将会是"下一件大事"，于是将研究的重点转向了脱氧核糖核酸(DNA)。

对于从英国剑桥大学生物学系毕业的弗朗希斯·克里克（1916～2004 年）来说，DNA 的结构是一个神秘而又吸引人的谜团。克里克一开始可能去研究血红蛋白，但他对 DNA 的激情完全超过了对一般学科研究的兴趣，并且找到了一位志同道合的朋友詹姆斯·沃森（生于 1928 年）——1951 年来到剑桥大学的美国生物物理学家。于是他们开始了对遗传物质——脱氧核糖核酸(DNA)分子结构的合作研究。由于当时几大研究机构相互竞争并且积怨甚深，他们的研究工作只能暂时保持低调。当时，伦敦国王学院的新西兰裔英国生物物理学家莫利斯·威尔金斯(1916～1958 年)和英国的物理化学家罗莎琳·富兰克林(1920～1958 年)也致力于 DNA 结构的研究，他们采用 X 光衍射设计了一系列复杂的实验来破译 DNA 结构。富兰克林在研究过程中已经提出过 DNA 分子螺旋结构的构想，却最终放弃了，然而，沃森和克里克认同了这一构想。1951 年，克里克和沃森制作了 DNA 分子三重螺旋模型，但是马上遭到了富兰克林的第一个反对，因为这和她用 X 光衍射实验得出的数据不吻合。克里克和沃森承认了自己的错误并再次回到草图阶段。1952 年，鲍林提出了自己的 DNA 分子模型，该模型也显示 DNA 分子结构是有三条缠绕的线的螺旋。鲍林只提出过一次错误的模型，而且很快遭到其他科学家的否定。

DNA 包含四种不同的化合物，即碱基，

大 事 记
1951 描述具有螺旋分子结构蛋白质
1952 鲍林制做出 DNA 模型
1953 沃森和克里克发表论文描述了 DNA 分子的双螺旋结构
1973 第一种遗传工程技术生物产品问世
1983 转基因胰岛素问世

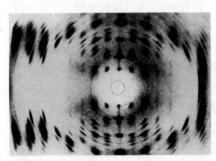

●这是一张 DNA 分子的 X 光衍射结构图。化学家利用 X 光衍射技术可以判定化合物的晶体结构。沃森－克里克从图中的黑点认识到 DNA 分子是双螺旋结构。

这些分子以一种可预测的方式自然地配对，这种
认识让克里克和沃森的研究沿着正确的方向前进。
美国哥伦比亚大学的奥地利裔化学家夏尔加夫
（1905～2002年）发现了腺嘌呤(A)与胸腺嘧啶(T)
配对而鸟嘌呤(G)与胞嘧啶(C)配对的研究成果，
于是，克里克和沃森意识到这不仅体现了DNA
的结构，还是DNA自我复制的途径。1953年4月，
他们将关于DNA和这项举世闻名的研究成果发
表在了《自然》杂志上。1962年，他们两人和威
尔金斯一起获得了诺贝尔医学奖。

●沃森（左）在描述他们发现DNA双螺旋结构情景时说："当我们发现这个答案(DNA双螺旋)时，我们不得不掐了一下自己。我们意识到这个结构可能是正确的，因为它太美了。"

　　20世纪40年代末至50年代早期，许多科学家，
包括美国遗传学家林德博格（1925年～　），德国生
物理学家德尔布吕克（1906～1981年）和爱尔兰遗传学家威廉·海耶斯（1918～1994年）
做了许多有关细菌质体的研究并取得了很有价值的发现。质体是从细菌主染色体分离出来、
漂移在细菌细胞质中的微小圆形DNA颗粒。因为质体具有易分离易操控，而且还能以修
饰过的形式再插入细胞等优点，因此成为现代遗传学上最重要的"工具"。

　　1968年，美国斯图瓦特·林恩（生于1940年）和瑞士生物物理学家维尔纳·亚伯
（1929年～　）在日内瓦发现了一组名为限制酶的蛋白质，它能够在特定位点"切开"DNA
分子链。切开的链末端极易能轻易地重新接合在一起，或者与DNA的其他段的末端
接合在一起。1969年，美国遗传学家乔纳森·贝克韦斯（生于1935年）分离出了第一
种单体基因——包含在大肠杆菌糖代谢物中。所有这些研究成果为从DNA序列中删
除或插入新的基因提供了理论上的支持，所以实现这样的想法只是时间上的问题。不久，
在1973年，美国生物学家斯坦利·科恩（生于1922年）和赫伯特·伯尔（生于1936年）
成功地从大肠杆菌的质体中移走了一段DNA并且在其位置上植入了另外一种细菌的
基因，由此产生的结果就是第一个基因工程有机体。于是，一个新兴的但一直存在争
议的科学分支诞生了。

　　科学家可以利用基因工程技术按照自己的意愿删除或取代生物体中的基因。例如，
20世纪80年代，科学家成功地将人类胰岛素基因插入大肠杆菌内，后来成功地插入
了酵母中，为糖尿病治疗技术带来了革命性的变化。在农业方面，科学家利用基因工
程技术培育出了抗病能力更强、产量更高的农作物，以及培育出繁殖能力更强的用于
医学研究的动物。但全世界对使用这项新兴技术的争议一直存在，在世界的某些地区，
人们对转基因生物存在着怀疑，关注的中心在于这类生物体给人类健康与环境带来的
影响。科学家希望通过基因替代疗法来祛除遗传疾病患者的痛苦，但是现在技术还不
成熟，全世界的科学家还在孜孜不倦地探索，希望能尽快取得这项技术的突破，造福
人类。

新化学元素

直到 1937 年，在 92 号元素，即铀元素之前，在元素周期表中只有四个空缺的元素位置。这四个空缺的元素原子序数为 43、61、85 和 87。于是化学家和物理学家开始利用粒子加速器——如美国科学家欧内斯特·劳伦斯（1901～1958 年）在 1932 年发明的粒子回旋加速器——进行新元素的探测。

起初，科学家利用粒子加速器作为"原子对撞机"将元素分成更小的组成部分。例如，在 1937 年，美国科学家在加利福尼亚利用粒子回旋加速器用氘核轰击金属钼原子，氘核是氘（重氢）原子的原子核，质量是中子的 2 倍，是质量最大的亚原子粒子。他们把轰击后的钼原子样品交给意大利巴勒莫大学的两位意裔美国物理科学家艾米利奥·塞格雷（1905～1989 年）和卡尔·皮埃尔（1886～1948 年）进行分析。两位科学家发现，样品中包含有一种新的

大 事 记
1937 年 发现锝元素
1939 年 发现钫元素
1940 年 发现砹、镎、钚元素
1944 年 发现锔、镅元素
1945 年 发现钷元素
1982 年 发现镀元素
1084 年 发现镖元素

放射性元素，也就是空缺的 43 号元素。起初，他们将之命名为钨，后来将之更名为锝（源自希腊词 technetos，意为"人工制造"）。

2 年以后，也就是 1939 年，法国化学家玛格丽特·波里（1909～1975 年）分析了锕同位素——锕-227 的放射衰变产物，结果发现了另一种新的放射性元素，也就是空缺的第 87 号元素。起初她将其命名为锕-K，但为了纪念她的祖国，后来又更名为钫。

在 1940 年，塞格雷和他的同事在用 α 粒子（氦核）轰击铋原子时有了再一次的新发现——1947 年，他们将新发现的非放射性元素称为砹，该名称源自希腊语"astatos"，意为"不稳定"。后来其他科学家发现了天然产生的质量更大的砹同位素，但是砹的同位素仍是地球上最少的天然产生的元素。直到 1945 年，化学元素周期表中最后一个空缺的元素，即 61 号元素，才被美国化学家雅各布·马里奥（1918～2005 年）及同事在用中子轰击钕原子时发现。1949 年，他们将之命名为钷，该名称源自希腊神话中的盗火者普罗米修斯的名字。粒子轰击原子不仅能够"击碎"原子，而且能够将轰击产生碎

●西博格手持装有钚元素样品的烟盒。1974 年，西博格成为第一位以自己名字命名新元素（镭）的科学家。

● 回旋粒子加速器是最早的粒子加速器之一。由回旋粒子加速器截面图（下）可以看到，两个D形中空磁铁放置在一个真空室内，在D形中空磁铁中加高压电，加速从两磁铁间的间隙处穿过的带电粒子，并使它们从中心附近的粒子源沿螺旋形轨道向外射出，能量可达几十兆电子伏，可以"击碎"原子。左图中是1932年由劳伦斯和同事在加利福尼亚伯克利大学实验室一起建造的直径1.5米的回旋粒子加速器。

片重组成新的原子。这个现象在1940年发生了两次。第一次是由美国物理化学科学家埃德温·麦克米伦（1907～1991年）和菲利浦·艾贝尔森（1913～2004年）利用慢中子轰击铀-238得到了镎元素（名称源自海王星的英文单词），在元素周期表中，镎元素紧随铀元素之后。在加利福尼亚大学伯克利工厂实验室格伦·西博格（1912～1999年）和麦克米伦领导的一个研究小组用用氘核轰击铀-238得到了钚元素，该名称源自冥王星的英文单词，在周期表中紧随镎元素之后。

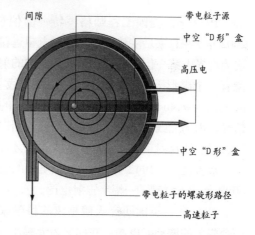

间隙 ——— 带电粒子源

——— 中空"D形"盒

高压电

——— 中空"D形"盒

——— 带电粒子的螺旋形路径

——— 高速粒子

镎和钚元素属于最先发现的超铀元素（比铀元素的原子序数大），在接下来的几年中，其他的超铀元素也很快相继产生：锔元素（1944年）、镅元素（1944年）、锫元素（1949年）、锎元素（1950年）等。1974年得到的第106号元素以西博格名字命名为𬭳。1982年，德国物理学家安布斯特（1931年～　）和他的研究小组在达姆施塔特重离子研究所用铁-58原子核轰击铋-209发现了第109号元素。1997年，他们将之命名为𫓧，以纪念奥地利裔瑞典物理学家莉泽·迈特纳（1878～1968年）——最早将原子分裂开的科学家之一。1984年，该研究小组用铁-58原子核轰击铅-208又得到了第108号元素——𬭶。俄国科学家在莫斯科市郊外的杜布纳利用同样的方法也得到了𬭶元素。一年后，即1985年，一个俄-美联合研究小组在杜布纳用硫-34轰击铀-238时得到了𬭶的一种不同的同位素。𬭶元素是以德国达姆施塔特所在的黑森州命名的。

到现在为止元素周期表中总共有116种化学元素，至少在目前元素周期表元素没有继续增加。科学家只是制得了最重元素的少量原子，即使更重元素在理论上可能存在，但120号元素后面的任何元素都极不稳定而且存在的时间十分短暂。

射电望远镜

1931 年，美国无线电工程师卡尔·央斯基（1905～1950 年）第一次探测到了来自外太空（银河系）的无线电波。他用的是类似当时常规无线电天线的由木材和导线构成的自制天线。6 年后，另一位美国工程师建造了第一架可控向射电望远镜，并开始搜索来自浩渺宇宙中的无线电信号。

1937 年，美国工程师格罗特·雷伯（1911～2002 年）在自家后院建造了一台射电望远镜，由此成为世界上第一位射电天文学家。雷伯的射电望远镜有一个碟形天线（常称作抛物面型天线），天线的直径为 9.46 米，可接收波长为 1.9 米的无线电信号。因为无线电波长比光波长得多，所以射电望远镜只有比反射望远镜镜面相应大很多才能很到相似的解析度。到 1942 年，雷伯利用更短的波长——60 厘米——绘制了一幅宇宙射电图。

1946 年，英国研究天鹅星座的科学家定位了一个强大的波动射电源，并称之为天鹅座 A。到这

大 事 记
1931 年 央斯基第一次探测到来自太空的射电信号
1937 年 雷伯建造了第一台可控向的射电望远镜
1955 年 赖尔建造了一台大型射电干涉仪
1957 年 焦德雷尔班克射电望远镜建成
1963 年 阿雷西博射电望远镜建成
1980 年 新墨西哥州索科罗的 VLA（甚大天线阵）

时，天文学家已经拥有第二次世界大战中研发的雷达微波无线电设备，但是研究射电星系需要性能更强的望远镜。1948 年，英国天文学家马丁·赖尔（1918～1984 年）建造了一台射电干涉仪（由两台隔开较远的射电望远镜组成），赖尔用它探测到了几百个外太空射电源，包括著名的仙后座 A。他继续建造了更大型的射电干涉仪，包括 1955 年建造的由四架天线构成的射电干涉仪。

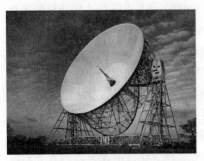

●1957 年，英国焦德雷尔班克实验站建造了当时世界上最大的可控向射电望远镜。它由电动机驱动，并且能够抵消掉地球自转效应，自动跟踪行星、恒星或地球卫星。

1957 年，世界上第一台大型单座射电望远镜在曼彻斯特大学的焦德雷尔班克实验站在英国射电天文学家贝纳德·洛弗尔（1913 年～）监督下建造完成。这台抛物面型射电望远镜直径达 76.5 米。由于跟踪到了苏联制造的第一颗人造地球卫星"旅伴 1 号"，这架射电望远镜很快享誉四方。其他大型可控望远镜也在各国相继被建造，包括 1961 年澳大利亚建造的柏克斯无线电望远镜直径 64 米；德国埃菲尔斯堡和美国西弗吉尼亚州格林·班克的

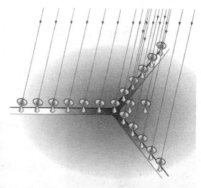

●左图主画面显示了在美国新墨西哥州索科罗
圣阿古斯丁平原上的甚大天线阵(VLA)部分景
象。上图显示了射电望远镜如何在 Y 型铁轨
上实现移动换位的。

直径 100 米的回转式射电望远镜。美国康奈尔大学在波多黎各西北部的阿雷西博射电望远镜是此类射电望远镜中最大的,为固定在山谷当中的由铝金属片组成的单口径球面天线,直径为 305 米,并且在球面的焦点上部用导线悬挂了一台射电接收器。这台天文望远镜从 1963 年开始启用,并且在 1974 年和 1997 年对其进行了改建。

即使再大的碟形天线,它的解析度也是有限的,所以为了得到解析度更高的射电信号,天文学家又把目光转回干涉仪。他们将两台或更多的射电望远镜安装在铁轨上,这样可以容易地变化它们之间的距离。通讯电缆将射电望远镜接收到的信号传输到计算机上来分析和表征(或控制射电望远镜的靶向,尤其是在恶劣天气里显得格外重要)。射电天文学家利用多台相互距离较远的射电望远镜组成一个甚大天线阵(VLA)。1980年,美国在新墨西哥州索科罗国家射电天文台建成了一个甚大天线阵,它由 27 面直径25 米的抛物面天线组成,呈 Y 型排列,Y 型的每臂长 32 千米,可在 6 个波段工作,并可作圆偏振(左旋和右旋)和线偏振测量。在厘米波段,最高空间分辨率达角秒量级,与地面光学望远镜的分辨率相当,灵敏度比世界上其他射电望远镜高一个数量级,相当于一台单口径 36 千米的射电望远镜。美国的甚长基线天线阵(VLBA,1993 年建成)由 10 架射电望远镜天线组成,天线分布在从夏威夷大岛的莫纳克亚山到美属维尔京群岛的圣克鲁斯这一跨度超过 8000 千米的区域内。VLBA 收集到的信号反馈回圣索科罗主基地并进行分析。这样,当初雷伯制作的直径 9.6 米的碟形天线已经扩展成为一台直径有数千千米长的射电天文望远镜,探测的触角可以延伸到浩渺宇宙中更加隐蔽的角落。

激光的诞生

　　用激光束能够比用锯切割金属更加精准，激光也可以用于精微的眼部手术。测量员可以借助激光精确测距，飞机上安装的激光装置可以制做出高精度的地面地图。一些电脑打印机也采用激光，没有激光就不会出现 CD 或 DVD。

●这是一张摄于 1960 年的梅曼的照片，照片中他在观察自己制造出来的世界上第一束激光。关键部件就在玻璃简中——能发射激光的红宝石。

　　1917 年，德裔美国物理学家阿尔伯特·爱因斯坦（1879～1955 年）意识到存在激发原子和分子并使它们发射光线这种可能。这就是激光原理的源头。但直到 20 世纪 50 年代，物理学家才设想出一种能够产生激光束的装置。1952 年，美国物理学家查尔斯·汤斯（1915 年～）描述了一种利用微波激射器（通过激发辐射散射得到的微波放大）的原理激发氨分子发射微波辐射的方法。两位苏联物理学家尼古拉·巴索夫（1922～2001 年）和亚历山大·普罗霍洛夫（1916～2002 年）也提出了同样的想法，但是，他们直到 1954 年才公布，而汤斯已经在 1953 年建造了一台微波激射器。不过三位物理学家同时获得了 1964 年的诺贝尔物理学奖。微波激射器用于原子钟和射电望远镜中，并用来放大发自人造卫星的弱信号。

　　微波辐射是不可见的，但在 1958 年，汤斯和另外一名美国物理学家肖洛（1921～1999 年）发表了一篇论文，说明建造一种能够发射可见光的装置存在着理论上的可能。这种装置将发出激光——通过受激发的辐射得到的光放大。但汤斯和肖洛没能建造出这样的装置。1960 年，美国物理学家西奥多·梅曼（1927 年～）成为世界上第一个制造出激光的科学家。

　　当物质吸收能量（如热能）时，其内部的原子或分子会从低能层跃迁到高能层，当落回低能层时，多余的能量就会以光的形式发射出来。一般，每一个原子或分子都会独立地发出不同波长的光，但是，如果物质在处于其高能层的短暂的瞬间暴露在有着特定波长的强光下，它就会发出与照射光波长一致的光。这就是物质为什么会受激发的原因，并且这种激发会进一步提高光的强度。下一步就是利用镜子放大这些光，位于这种装置一端的镜子将光通过受激中的物质反射回去，位于装置相对端的

大 事 记	
1917 年	爱因斯坦提出受激辐射
1952 年	构想受激辐射微波放大器
1958 年	从理论上论证了制造激光的可行性
1960 年	梅曼发明红宝石激光器

●在手术室中，外科医生正在利用激光给一位病人实施手术。由于激光的高定向性，激光手术切口既精准又非常小，激光手术比用手术刀手术给病人造成的损伤要小得多，这是激光手术最大的优点。

半银制镜子又反射一部分这些光，余下的光则以激光形式发出来。

激光发射一道窄束的相干光，是一道单波长、单色、定向的连续光束或系列短脉冲。

许多物质都能受激，发出相干光。梅曼红宝石晶体——人造氧化铝晶体——制造出了红宝石激光。钕元素也已被用于激光中，如氧化钕或氯化钕的氯氧化硒溶液，以及一氧化碳、氰化氢、氦氖混合气等气态溶解物。后面列举的几种是已经应用了20多年的主要物质。

手电筒或汽车前灯发出的光是四处发散的，所以能照射较大的区域。而激光束能更好地被聚焦——氦－氖激光器发出的激光束散失率不到千分之一。如果激光束从望远镜的相对端通过，激光的散失率将会进一步降低。这种类型的激光可以用做铺设管线和钻探隧道机械的引导装置。红宝石激光可以在钻石上钻孔。

激光撞击在一个表面上时，表面会吸收激光部分能量且温度会升高。激光可以在很小的面积上产生高热，所以人们利用激光去除如精密电子部件上的多余材料，甚至用激光给眼疾病人做视网膜手术。

窄激光束也可以用来测距：激光脉冲撞击到物体的表面时，有部分会被反射回来，由于光速是一样的，所以只要计算出激光脉冲发射与反射回所用的时间就可以计算出两地之间的距离。这种激光装置称作激光雷达。乘坐"阿波罗 11 号"宇宙飞船登陆月球的宇航员及阿波罗计划的后继者在月球建立了激光反射装置，利用激光雷达测量的月球与地球之间的距离偏差只有几英尺。测绘人员利用激光测绘地貌的平面图，而利用激光雷达精确测距。

激光雷达也可用于测量运动中的物体的速度。如果物体正后退，那么反射回的激光波长要比发射激光的波长略长。换句话说，激光发生了红移。如果物体正在接近，那么反射回的波长就变得稍短，也就是激光发生了蓝移。物体运动得越快，激光的波长改变得越大。

行星探测器

几个世纪以来，伴随着地球围绕太阳旋转的行星一直蒙着一层神秘的面纱，最多也只能从天文望远镜中看到这些行星模糊的轮廓。进入太空时代，天文学家终于迎来了新的契机：人类可以发射各种仪器到其他行星上，并向地球反馈相关数据。

●苏联"金星 10 号"探测器 1975 年 10 月在金星表面实现了软着陆，并发回了金星表面的照片。图中是"金星 10 号"探测器的全尺寸模型。

20 世纪 60 年代，苏联和美国都向火星和金星发射了无人驾驶探测器，这也是登陆其他行星的第一次尝试。美国太空总署（NASA）在 1962 年发射了"水手 2 号"探测卫星飞过金星，首先取得成功。接着，1967 年，苏联"金星 4 号"空间探测器飞抵金星，在坠毁前向地球发回了一些关于金星大气层的数据。尽管发回的数据比较混乱，但是"金星 4 号"表明空间探测器摄影技术已经开始走向成熟。"金星 7 号"探测器于 1970 年安全着陆于金星，并且成为第一个从其他行星表面向地球传送数据的空间探测器。5 年后，"金星 9 号"探测器进入环绕金星的轨道，然后向金星发射了一台登陆车，向地球发回了金星岩石质表面的照片。"金星 15 号"和"金星 16 号"绘制了金星表面的雷达探测地图。1985 年，苏联双子太空船"维加 1 号"和"维加 2 号"向金星投放了装在气球上的探测仪，探测仪缓缓穿过金星大气层降落到金星表面。

就在苏联关注金星的探测同时，美国太空总署（NASA）则更关注火星以及更外层的行星的探测。"水手 4 号"于 1964 年、"水手 6 号"和"水手 7 号"于 1969 年分别拍下了火星表面的照片。1971 年，"水手 9 号"探测器环绕火星轨道运行，利用电视摄像机拍摄了关于火星表面景观的细节照片并拍摄了火星的两颗卫星——火卫一和火卫二。火星表面类似贫瘠的红石岩沙漠。1974 年，

大 事 记
1962 年 美国太空总署（NASA）发射的"水手 2 号"探测器抵达金星
1964 年 美国太空总署（NASA）发射的"水手 4 号"拍摄了火星照片
1970 年 苏联发射的"金星 7 号"登陆金星表面
1971 年 美国太空总署（NASA）发射的"水手 9 号"进入绕火星轨道
1972 年 苏联"金星 8 号"软着陆于金星
1973 年 美国太空总署（NASA）发射的"先锋 10 号"掠过木星
1975 年 苏联发射的"金星 9 号"进入绕金星轨道
1976 年 美国太空总署（NASA）发射的"海盗 1 号"和"海盗 2 号"软着陆于火星
1989 年 美国太空总署（NASA）发射的"旅行者 2"抵达海王星

●这是一幅艺术家想象的画面："伽利略号"轨道探测器正在接近土星，它距土星的卫星——艾奥表面只有965千米，艾奥环绕木星的运动受到木星火山活动的影响。

苏联的"火星5号"进入火星轨道运行了几天，并在电视摄像机损坏之前向地球发回了图像。美国太空总署（NASA）的"海盗任务"雄心勃勃，"海盗1号"和"海盗2号"在1976年飞抵火星。这两艘探测器均由绕火星运行的轨道飞行器和能够软着陆于火星表面并分析其土壤的登陆车组成。

1972年，美国太空总署（NASA）发射的"先锋10号"探测器是首个飞出太阳系的探测器，1973年，它掠过木星。1973年发射的"先锋11号"探测器在1979年实现了绕土星环的运行。两个探测器都发回了关于木星和土星奇观的照片。1977年，美国发射的"旅行者1号"和"旅行者2号"也把木星和土星作为探测对象，1979年，它们到达木星。"旅行者1号"在1980年到达土星；1年后，"旅行者2号"掠过土星并于1986年"访问"了天王星，接着在1989年飞抵海王星，发现了围绕海王星的一个环状系统和6颗卫星。

不久，美国太空总署在1989年利用"亚特兰蒂斯号"宇宙飞船发射了包括"麦哲伦号"在内的多个行星探测器。"麦哲伦号"探测器于1990年进入绕金星轨道，"伽利略号"则在1995年拍摄了关于木星的照片。来自"麦哲伦号"探测器的数据表明，金星表面遍布陨石坑和山脉火山喷发后的熔岩流平原。但"麦哲伦号"在1994年与美国太空总署失去了无线电联系。"伽利略号"是第一个绕木星运行的空间探测器，并探测了木星的多个卫星。1992年，美国发射的"火星观察者号"在即将抵达火星时没能进入轨道，并在1993年与地球失去了联系。但在1997年，"火星探路者号"成功登陆了火星，并放出一台小型的火星漫游车，拍摄了1.65万张照片，并向地球发回了火星的地质数据。

●1985年7月欧洲太空局在法属圭亚那用"阿里亚娜1号"火箭将空间飞行器"乔托号"送入太空，并于1986年3月到哈雷彗星内核附近。接着在1992年，它又与周期彗星格利格－斯科耶勒鲁普彗星相遇。"旅行者2号"在1981年掠过土星并"访问"了太阳系外层的四颗行星。"先锋11号"在1979年也到过土星。

"旅行者2号"

"乔托号"

"先锋11号"

半导体的应用与推广

现代的汽车安装了"芯片"来监控诸多行驶过程参数，例如进入发动机的燃料流量、轮胎抓地力等。"芯片"还可以控制发光二极管以照亮汽车仪表盘，使汽车行驶更安全。洗衣机、洗碗机和微波炉等家用电器内部都装有芯片，通过预设程序运行。我们日常生活涉及各种类似的"芯片"，但假如没有半导体，它们将毫无用处。

<table>
<tr><td colspan="2">大 事 记</td></tr>
<tr><td>1874 年</td><td>布劳恩的整流器问世</td></tr>
<tr><td>1947 年</td><td>面点接晶体管问世</td></tr>
<tr><td>1948 年</td><td>音频放大器问世</td></tr>
<tr><td>1948 年</td><td>面结型晶体管问世</td></tr>
<tr><td>1958 年</td><td>集成电路问世</td></tr>
<tr><td>1959 年</td><td>发展出平面工艺技术</td></tr>
</table>

多数金属都是电的良好导体，例如，电线通常就用铜制成。另一类包括玻璃、纸和橡胶等在内的物质都是电的不良导体甚至是绝缘体，因此常用做电线的绝缘材料。介于导体和绝缘体之间的第三类材料即半导体。半导体材料很多，按化学成分可分为元素半导体和化合物半导体两大类。锗和硅是最常用的元素半导体，另外还有锡、硒、锌和锑等；化合物半导体包括Ⅲ－Ⅴ族化合物（砷化镓、磷化镓等）、Ⅱ－Ⅵ族化合物（硫化镉、硫化锌等）、氧化物（锰、铬、铁、铜的氧化物），以及由Ⅲ－Ⅴ族化合物和Ⅱ－Ⅵ族化合物组成的固溶体（镓铝砷、镓砷磷等）。所有这些半导体材料中，硅是应用最广泛的。

一种半导体可能有时是绝缘体，但在一定条件下能使电流通过。19世纪30年代，科学家研究电现象时发现一些材料受热后会丧失导电的性质，而有些导电性较差的材料当用光照射时，只允许电流朝一个方向通过。

意大利物理学家古列尔莫·马可尼（1874～1937年）试验将电流转化为无线电波时，他需借助一种称作整流器的装置来检测进入的无线电信号。整流器只允许电流朝一个方向通过而不允许电流反向通过。1874年，德国物理学家费迪南德·布劳恩（1850～1918年）研制出一种硫化铅晶体整流器。硫化铅晶体是第一种用在无线电接收机上的晶体，所以这种接收机也叫"晶体机"，它将电传导至一根纤细导线的尖端——也就是"猫须"上。布劳恩的整流器也是世界上第一种半导体装置。由于杰出的成就，他和马可尼分享了1909年诺贝尔物理学奖。

整流器只有两个接线端，但是无线电技术的进展需要具有三个接线端的半导体元件，通过加在第三个接线端的电压或电流控制其他两接线端间的电压或电流。第一种三个接线端的半导体元件是真空管三极管，即真空管。后来发展到将几个三极管密封到同一个真空管中。因为真空管耗电量很大，这样很容易产生大量的热而导致金属部

●图中集成电路用化学沉积法附着在一块硅片的表面，周围有数根连接金属通路的导线。这样，集成电路和连接线构成了电脑的微芯片。

分熔融，最终使真空管烧毁。

1947 年，三位物理学家——英裔美国人威廉·肖克利（1910 ~ 1989 年）和美国人约翰·巴登（1908 ~ 1991 年）、沃尔特·布拉坦（1920 ~ 1987 年）——研制出了第一台固体三接线端整流器装置，称作面点接晶体管，利用的是半导体材料——锗。他们 1948 年在贝尔电话实验室研制出了几种"晶体管"，并与其他组件结合，制造出了音频放大器，它与以前的真空管放大器不同，其晶体管不需要预热就可以工作。三位物理科学家分享了 1956 年诺贝尔物理学奖。

1948 年，肖克利又提出了面结型晶体管概念，这是一种由半导体材料薄片压缩到一起组成的晶体管。肖克利还发现锗晶体中的不纯物质会提高其半导体特性。

现代的半导体是由掺入浓度为百分之几的杂质的硅晶体薄片构成的。半导体中的杂质对电阻率的影响非常大。半导体中加入杂质的步骤称作"半导体掺杂"。如果掺入的杂质为砷，那么在每个砷原子都会与四个硅原子结合，这样，在砷原子的最外层还剩余一个电子。电子携带有一个负电荷，所以这种半导体叫作 n- 型半导体。如果三价硼掺入硅晶体中，硼原子最外层的三个电子全部与硅电子成键，这样硅晶体为带正电荷的质子留下了一个空位。空位通常被称作空穴，所以这一类型的半导体叫作 p- 型半导体。当半导体加压通电时，自由电子就会只沿一个方向通过 n- 型半导体，而空穴则会沿相反的方向通过 p- 型半导体。

1958 年，半导体技术取得了新的突破。美国德州仪器公司的电气工程师杰克·基尔比（1923 年 ~）研究发现，晶体管并非一次只能掺杂一种杂质，可以通过叠加几种杂质的手段将它们一起整合到同一块半导体上。然后，在其上再添加如二极管、电阻器、电容器等元件，这就是基尔比发明的集成电路。

1 年后，美国仙童半导体公司的瑞士物理学家琼·霍尔尼（1924 ~ 1997 年）和美国电气工程师罗伯特·诺伊斯（1927 ~ 1990 年）研制了平面技术。这是一种利用光掩模在硅晶圆内对金属及化学物质进行层叠和刻蚀的系统。利用这种新技术，工程师们就可以设计出更加复杂、应用范围更广的电路。

电脑、数码相机等所有现代电子产品中的芯片都比邮票小得多，它们是用塑料外壳把多层晶体管及相关组件与连接组件的细微导线一并封装在一块条状的硅晶片上。这就是基于半导体技术的集成电路。

阿波罗计划

　　1961年，美国总统约翰·肯尼迪（1917～1963年）誓言在接下来的10年内，美国要将一名宇航员送上月球。1969年7月，两名美国宇航员登陆月球，实现了总统的承诺。登陆月球是阿波罗计划的最顶点。

●这是立在发射台上的"阿波罗8号"宇宙飞船的特写镜头。在巨大的土星V火箭顶部搭载着指挥舱、服务舱和登月舱，以及逃逸塔，如发射后不久出现紧急情况，逃逸塔可以炸开，将指挥舱及宇航员抛出。

　　将"阿波罗11号"宇航员载到月球上的宇宙飞船主要由四部分构成：第一部分是巨型多级"土星V"火箭——将整座装置送入太空；然后是"哥伦比亚号"指挥舱，三名宇航员在飞往月球的旅程中将待在里面；服务舱安装在指挥舱的下面，包括整个航程提供动力的主推进火箭；在服务舱的下面就是"鹰号"登月舱。宇宙飞船进入地球轨道后，后面"捆绑在一起"的三个舱与火箭脱离，然后飞向月球。进入月球轨道时，登月舱分离并搭载三名中的两名宇航员在月球表面的静海着陆。完成预定的任务后，两名宇航员飞进"鹰号"登月舱，登月舱则重返月球轨道与指挥舱对接。在离开地球8天后，指令舱返回地球，利用降落伞缓冲降落进太平洋。

　　在最终登陆月球前，早期阿波罗计划的任务主要是测试各种发射步骤、火箭和舱体性能——起初在地球轨道，后来在月球轨道测试。1967年1月，第一次阿波罗计划的飞行因发射台起火以失败告终，三名宇航员在火灾中罹难。1968年，美国太空总署（NASA）进行了三次无人驾驶宇宙飞船的试验发射，然后在1968年10月，"阿

●这是一张1969年5月22日"阿波罗10号"宇宙飞船登月舱与指挥舱在月球轨道上分离后从登月舱拍摄到的指挥舱照片。登月舱没有登陆月球，因为这次的任务是测试两个舱体的对接程序。

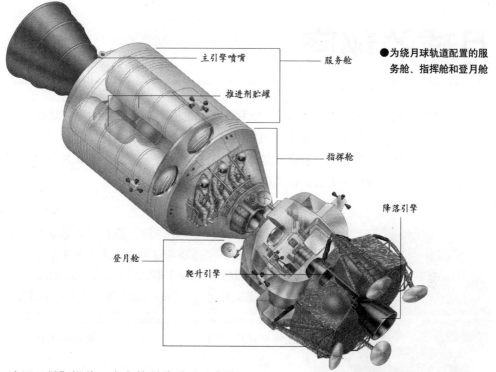

●为绕月球轨道配置的服务舱、指挥舱和登月舱

主引擎喷嘴

推进剂贮罐

服务舱

指挥舱

降落引擎

登月舱

爬升引擎

波罗 7 号"搭载 3 名宇航员绕地球飞行了 163 圈，以测试指令舱的性能。2 个月后，"阿波罗 8 号"搭载 3 名宇航员进入月球轨道并绕月球飞行了 10 圈。1969 年 3 月，"阿波罗 9 号"在地球轨道测试了登月舱。同年 5 月，"阿波罗 10 号"宇航员在绕月球的低轨道测试了登月舱。

最终迎来了"阿波罗 11 号"。"阿波罗 11 号"1969 年 7 月发射，搭载成员由阿姆斯特朗(1930 年~)、埃德温（巴兹）·奥尔德林(1930 年~)和迈克尔·柯林斯(1930 年~)三名宇航员组成，他们很顺利地抵达了月球。7 月 20 号，阿姆斯特朗和奥尔德林两

大 事 记
1967 年 1 月 3 名宇航员在地面发射台火灾中丧生
1968 年 10 月 "阿波罗 7 号"进入地球轨道
1968 年 12 月 "阿波罗 8 号"进入月球轨道
1969 年 3 月 "阿波罗 9 号"在地球轨道测试登月舱
1969 年 5 月 "阿波罗 10 号"在月球轨道测试登月舱
1969 年 7 月 "阿波罗 11 号"着陆月球

位宇航员在登月舱内登陆月球，并在月球上度过了 2 个小时，拍摄了大量月球表面的照片并收集了月球岩土样品。他们将美国的国旗插在了月球上，并留下了一块纪念他们具有历史意义的登陆月球的徽章。

在后来的阿波罗任务中则利用更多的先进设备完成更多更细致的研究，收集更多的月球样品并带回地球研究。1971 年 7 月，"阿波罗 15 号"将一辆月球车送到月球表面。1972 年，美国太空总署 (NASA) 最后一次将载人宇宙飞船"阿波罗 17 号"送到月球。

整个阿波罗计划耗资约 250 亿美元，并从月球带回各种岩石样品共计 328 千克，每盎司样品价值 180 万美元。

月球的秘密

自从 1610 年意大利科学家伽利略·伽利莱将他的第一架望远镜对准月球以来，天文学家就一直在努力地揭示更多关于月球的秘密。功能更强的望远镜起到了很大的作用，但随着 20 世纪 60 年代太空时代的来临，天文学家终于可以向月球表面发射相关的仪器进行研究，最终人类也到达了月球表面。

●薛定谔盆地（上图右下方）处在月球背面。美国太空总署（NASA）1994 年发射的"克莱门特号"探测器拍摄的月球照片表明，月球上的一些陨石坑包括薛定谔盆地是月球火山的发源地。

17 世纪 40 年代中期，佛兰德制图师迈克尔·郎格尔努斯（1600 ~ 1675 年）和波兰天文学家约翰内斯·海维留斯（1611 ~ 1687 年）出版了第一张月球地图。1878 年，德国天文学家约翰·施密特（1825 ~ 1884 年）通过观察制做出最后一张手绘月球细节地图，后来这项工作都被摄像技术取代。1840 年，英裔美国科学家约翰·德拉帕（1811 ~ 1882 年）拍摄了一些最早的月球照片。不久，天文学家利用摄影技术制作了月球地图。

1959 年，苏联第一次成功尝试将一个人造物体送入太空。他们发射的"卢尼克 1 号"探测器掠过月球表面。同年 2 月发射的"卢尼克 2 号"探测器坠毁在月球表面，"卢尼克 3 号"成功地对月球背向地球的一侧进行了摄影。从发回的照片来看，月球背面与近地球一侧并没有多大的区别，只是表面陨坑更少。1964 年，美国太空总署（NASA）发射了"漫游者 7 号"，1965 年发射了"漫游者 8 号"和"漫游者 9 号"，共拍了约 1.7 万张照片，最后，探测器都坠毁在月球表面。1965 年，苏联的"探测器 3 号"也拍摄了月球背面照片。

1966 年，苏联"月球 9 号"（"卢尼克 3 号"之后的空间探测器改名为"月球号"）第一次实现

大 事 记

1959 年 苏联"卢尼克 1 号、2 号、3 号"都飞掠月球并进入月球轨道，但坠毁于月球表面。

1964 年 美国太空总署（NASA）发射的"漫游者 7 号、8 号和 9 号"发回月球照片

1966 年 苏联"月球 9 号"软着陆于月面，"月球 10 号"进入月球轨道

1966 ~ 1967 年 美国太空总署（NASA）发射的月球轨道卫星测绘了月球表面的地图

1966 ~ 1968 年 美国太空总署（NASA）发射的"观测者号"软着陆

1968 年 苏联无人驾驶的"探测器 5 号"进入月球轨道并成功返回地球

1969 年 "阿波罗 10 号"进入月球轨道，"阿波罗 11 号"和"阿波罗 12 号"着陆月球

● 1967年4月，美国"观测者3号"在月球软着陆。照片上一名"阿波罗12号"的宇航员正在检查"观测者3号"留下来的仪器。我们可以从照片背景中看到"阿波罗12号"的登月舱。

了在月球软着陆。接着，"月球10号"成为第一艘进入绕月球轨道飞行的人造飞行器。美国太空总署（NASA）以7项观测者任务回应了苏联的挑战，该任务中所有探测器均实现了在月球软着陆。除了发回照片外，"观测者1号"在1966年发回了有关月球土壤的物理数据，另四艘"观测者号"探测器也拍摄回大量的月球照片，使美国太空总署的月球相册增加了86471张新照片。每一艘"观测者号"

都安装了可变电视摄像机，摄像机安装了可互换的滤光器，并由一对太阳能电板提供动力。这种摄像机既可以拍摄近距离特写图片，也可以拍摄远景图像。其他的仪器则负责分析月球的表面是否适合登月舱登陆以及最后的离开。分析的项目包括月球表面的承压强度以及热力学（吸热）、光学（光反射）的性质。3年后，1969年11月，"阿波罗12号"宇宙飞船着陆在被称作风暴洋的地方，离上次"观测者3号"的降落点仅相距183米。"阿波罗12号"的宇航员收回了"观测者号"遗留下的电视摄像机并带回地球做科学研究。

1966～1967年，美国太空总署（NASA）发射的5颗月球轨道飞行器测量并绘制了月球大部分地方的表面地图，为接下来的"阿波罗号"登陆地点的选择提供依据。它们还发现了月球质量密集区，该区域引力较大，会对掠过此地的卫星运行轨道产生干扰。

1968年，苏联发射的"探测器5号"成为第一个进入环绕月球轨道并成功返回地球的空间探测器（后续的"探测器6、7、8号"也同样完成了任务）。苏联和美国都在着手载人登陆月球的计划，在这次竞赛中，美国拔得头筹。同年，"阿波罗8号"搭载3名宇航员进入了月球轨道对相关设备进行了测试并成功返回地球。1969年，"阿波罗10号"也进入了月球轨道，接着"阿波罗11号"和"阿波罗12号"最终实现了人类登月梦想。这两次登陆以及后来的四次成功登陆为地球带回了丰富的月球岩石和土壤样品及科学数据。经过分析，科学家认为月球年龄是45亿年，与地球年龄很接近。于是科学家推测月球很可能是一颗卫星大小的小行星撞击原始地球时产生的残骸形成的。

几乎所有的月球表面的坑都是小行星和流星撞击月球表面形成的——月球没有大气层来减缓这些小行星和流星的速度。1994年，美国弹道防卫组织（SDIO 的前身）与美国太空总署（NASA）联合任务计划发射的"克莱门特号"探测器测绘月球整个表面地图时，拍摄到一个月球背面的火山口。1998年，美国太空总署（NASA）的无人驾驶太空船"月球勘探者号"在月球两极发现了地下藏有大量的冰。

个人电脑的发明与普及

第一代微型计算机只有那些懂得如何装配的很少一部分人购买。然而，仅仅过了20年，个人电脑就已经从一种新奇的事物转变成世界各地的人们日常生活中普遍使用的一种工具。

大 事 记
1946 年 发明埃尼阿克 (ENIAC) 电脑
1947 年 发明晶体管
1958 年 发明集成电路
1964 年 开发出 BASIC 程序语言
1972 年 开发出小型计算机的 CP／M 操作系统
1975 年 发明 Altair 8800 型计算机
1980 年 开发出 MS–DOS 操作系统
1980 年 发明 ZX80 计算机
1981 年 IBM 生产了第一台个人电脑
1990 年 出现万维网

生活在现代世界中的人们对个人电脑 (PC) 再熟悉不过了，个人电脑的强大功能使它成为当今最有用的工具之一，人们可以用电脑玩游戏、写信，还可以管理家庭以及生意上的账户收支。电子邮件只需几秒钟就可以将信息和图片从地球的这一端传送到另一端。个人电脑可以用于购物、旅行行程安排、酒店预订和购买电影票等方面。现在，我们很难想象如果没了电脑，世界将会变成什么模样。

然而，个人电脑仍是相当新的事物。第一台全电子计算机于1946年在宾夕法尼亚大学研制出来，被称作 ENIAC，意思是电子数字积分器和计算器，包含 1.8 万只真空管，使用功率为 100 千瓦。

早期所有的计算机都采用的是真空管或电子管，这些机器体积庞大，占用整个房间且计算结果并不可靠（因真空管或电子管失效），因此许多工程师不得不时常手动调试，使它们正常运行。发明于 1947 年的晶体管取代了真空管，使计算机的体积大大缩小并且运行更稳定。而 1958 年发明的集成电路使计算机的微型化成为可能。计算机开始"瘦身"。

即使如此，直到 1975 年，才出现了体积足够小且普通家庭有能力购买的计算机。美国新墨西哥州阿尔伯克基的 MITS 公司推出了 Altair 8800 型计算机，品牌机销售价格 495 美元，而组装机则只售 395 美元。Altair 8800 型计算机的尺寸为 43 厘米 ×46 厘米 ×18 厘米，采用 2 兆赫兹的英特尔 8080 微处理器，没有显示器、键盘和打印机，内存容量只有 256 比特。人们只能通过机箱前的开关控制它的运行，以映射到前面板的闪光图案读取输出结果。1976 年，MITS 公司将 20 厘米的软盘驱动装配到他们的计算机中用于数据储存。

只要计算机能够与存储设备如磁盘驱动器进行信息交流，计算机软件——应用程序如文字处理工具或游戏等——就可以运行。这个过程需要一种操作系统形式的特别软件。1972年，美国计算机科学家加里·基尔代尔(1942～1994年)开发了PL/M(程序语言／微处理器)，它允许计算机工程师编写程序然后加载入英特尔4004的只读内存中。这些处理器可以用来控制交通灯和家用电器如洗衣机等设备。1973年，基尔代尔编写了能从磁盘中读取和写入数据文件的软件，他将之称为CP/M(控制程序／微型计算机)，这是第一个应用到微型计算机中的操作系统——CP/M很快取得了成功，但是当国际商用机器公司(IBM)需要在他们开发的小型电脑上安装一个操作系统时，IBM有两种选择——CP/M和MS-DOS(磁盘操作系统)。MS-DOS是由美国微软公司的计算机程序员比尔·盖茨于1980年开发的，成为CP/M的强劲对手。微软公司的MS-DOS最后胜出并占据了市场主导地位，但还是有部分计算机爱好者仍在使用CP/M。

文字之星(WordStar)软件于1979年面世，是第一种流行的文字处理程序。最初，软件在CP/M上运行，但后来的文字之星版本在MS-DOS上运行。

在1980年英国工程师克里维·辛克莱(1940年～)开发出ZX80计算机之前，计算机仍很昂贵。ZX80型品牌计算机整机在英国的售价只有95.95英镑，组装机更便宜——只有79.95英镑；品牌机在美国的售价也仅为199.95美元。ZX80计算机大小为20厘米×20厘米，随机存储器(RAM)容量为1千比特，配置了膜键盘。ZX80与一台电视接收器相连，作为该计算机的显示器。一年后推出的ZX81计算机功能则更为强大，并采用了音频卡带存储设备。

1981年，IBM公司开发了其第一台小型计算机，称为个人电脑(PC)。在1～2年内，IBM的竞争对手们向市场推出了价位更低的模仿机——IBM克隆机。所有这些上市的计算机都模仿IBM，并且都安装MS-DOS。现代计算机就是这些"克隆机"的"直系后裔"。

计算机按照二进制编写的机器代码指令处理任务，一套计算机程序由许多页的"0"和"1"组成。机器代码很难编写而且更难对运行的错误进行调试。计算机程序员需要一种既容易编写又易调试的代码。第一种这样的代码出现在1957年：IBM公司的计算机程序员约翰·巴克斯(1924年～)开发出第一种高级程序语言FORTRAN，标志着程序设计的新时代的开始。但FORTRAN语言是一种面向科学家和数学家的编程语言。教师仍需要一种学生可以较容易掌握的语言。1964年，美国计算机程序员约翰·凯莫尼(1926～1992年)和托马斯·库尔兹(1928年～)在新汉普郡达特茅斯大学宣布他们成功解决了这一问题，即开发出了初学者通用符号指令代码——BASIC语言。

个人电脑的性能取决于处理器的运行速度和内存的容量大小，这两项指标都得到迅速提高，并仍在不断增强，使得现代电脑的性能远远高于以前。第一台多媒体个人电脑出现在1991年，英国计算机科学家蒂姆·伯纳斯·李(1955年～)在1990创造了万维网，如今，宽带网让用户可以从网络上下载音乐和电影了。

航天飞机

航天飞机的发展过程是一段喜与悲共存的历史。在这段历史中，既包括美国太空总署 (NASA) 取得的举世瞩目的成就，也包括两次最惨痛的灾难事故。

● "挑战者号"航天飞机由波音 747 运输机从德来顿飞行研究中心运送到佛罗里达州的肯尼迪航天中心，准备它的第一次发射任务。"挑战者号"航天飞机在 1981 年实现了首次太空飞行。截至 2005 年，"挑战者号"共执行了 114 次飞行任务。

1972 年 1 月，美国正式把包含研制航天飞机的空间运输系统列入计划。美国太空总署 (NASA) 想建造一种运载火箭，利用它既可以完成航天任务，并且还可以自己返回地球上的发射基地。火箭只能使用一次，代价昂贵，而具备上述特点的航天飞机却可以重复使用。科学家起初认为航天飞机一年可以执行 50 次任务，但实际上每年只能重复使用 8 次。

航天飞机主要由三部分组成：外形像飞机的轨道飞行器机身长 37.2 米，装有 3 台以液氧和液氢为燃料的主引擎。巨大的外挂燃料箱内装有补给燃料。两台长 45 米的固体燃料火箭推进器连接在外挂燃料箱两侧。航天飞机的前段是航天员座舱，分上、中、下三层。上层为主舱，可容纳 7 人；中层为中舱，也是供航天员工作和休息的地方，有卧室、洗浴室、厨房、健身房兼贮物室；下层为底舱，是设置冷气管道、风扇、水泵、油泵和存放废弃物等的地方。航天飞机的货舱长 18 米，最大有效载荷可达 27.6 吨，是放置人造地球卫星、探测器和大型实验设备的地方。与货舱相连的还有遥控机械臂，用于施放、回收人造地球卫星和探测器等航天器，还可以作为宇航员太空行走的"阶梯"。

航天飞机发射升空后，所有的五枚火箭（安装在轨道飞行器上的三枚火箭以及两枚固体燃料火箭推进器）全部点燃。两分钟后，外置的两枚火箭推进器脱离机身并借助降落伞落入大海，回收修复后还可以重复利用 20 次。当轨道飞行器进入地球轨道 6 分钟后，机组航天员将外挂的燃料箱抛离机身，燃料箱重新进入地球大气层后烧毁。在任务完成返航阶段，机组航天员将机动火箭点燃使航天飞机减速，然后航天飞机在海拔高度 120 千米处重新进入地球大气层，距离发射基地 8000 千米远——发射基地通常是肯尼迪航天中心。轨道飞行器减速阶段的初始速度为 25 马赫，然后经历滑翔减速，与大气摩擦产生的热量使机翼上的耐热片以及机身迅速达到红热状态。航天飞机经历整个降落减速过程后，在其着陆阶段，减速降落伞使航天飞机进一步减速，速度

●航天飞机进入地球轨道后，以 28160 千米／小时的速度历时 90 分钟环绕地球一周。

约为 320 千米／小时。

美国太空总署（NASA）已经建造了六架航天飞机。他们利用第一架航天飞机，即 1977 年的"企业号"，做大气层滑翔测试，但从来没发射入太空。1981 年，"哥伦比亚号"成为第一架进入地球轨道飞行的航天飞机，接下来就是 1983 年的"挑战者号"、1984 年的"发现号"和 1985 年的"亚特兰蒂斯号"航天飞机。1986 年 1 月 28 日，美国"挑战者号"航天飞机在第 10 次发射升空后，因助推火箭发生事故而爆炸，舱内 7 名宇航员（包括一名女教师）全部遇难，这造成直接经济损失 12 亿美元，航天飞机停飞近 3 年，成为人类航天史上最严重的一次载人航天事故，使全世界对征服太空的艰巨性有了一个明确的认识。美国太空总署建造了"奋进号"取代了"挑战者号"航天飞机，并在 1992 年成功发射。2003 年 2 月 1 日，载有 7 名宇航员的美国"哥伦比亚号"航天飞机返回地球时，在着陆前 16 分钟时发生了意外，航天飞机解体坠毁。事故调查委员会指出哥伦比亚号航天飞机升空 80 秒后，一块从外挂油箱脱落的泡沫损伤了左翼，并最终酿成大祸。经过缜密的修理之后，"发现号"航天飞机于 2005 年又发射升空。14 天后，它返回地球基地，由于天气的原因没能降落到肯尼迪航天中心，而是降落在了爱德华空军基地。美国太空总署科学家在航天飞机着陆期间将调查防热片的问题。

●发射后（1），航天飞机向上加速（2），2 分钟后，两侧的火箭推进器（3）脱离机身，借助降落伞落回地球并回收，以重复使用。约 8 分钟后，航天飞机进入飞行阶段（4），进入地球轨道并抛离外挂燃料箱（5），燃料箱再进入大气层时烧毁。在航天飞机完成预定任务（6）后开始转向（7），点燃火箭以减速（8），并重新进入大气层（9）。重新调头之后（10），机翼侧转（11、12）以减速，然后进入着陆阶段（13），并滑翔下降（14）至机轮着陆（15），借助减速伞停在预定地点。波音运输机（16）则将航天飞机运回爱德华空军基地，为下一次飞行做准备。

超导体的发现与应用

1911 年，荷兰莱顿大学的海科·卡茂林·昂尼斯（1853 ~ 1926 年）偶然发现，将汞冷却到液态氦的温度时，汞的电阻突然消失了。后来他又发现许多金属和合金都具有与上述汞相类似的低温超导态。这一发现引起了世界范围内的震动。在他之后，科学家们开始把处于超导状态的导体称为超导体，并将超导体应用到医学成像、交通运输和粒子研究等多个领域。

大 事 记

1986 研制出超导临界温度为 35K 的陶瓷材料

1987 研制出超导临界温度为 98K 的陶瓷材料

1988 许多实验室报道有超导临界温度高至 125 ~ 140K 的材料

1991 发现"巴基球上的超导性"

1993 研制出超导临界温度为 133K 的陶瓷材料

2003 研制出磁悬浮测试列车

超导体对流经的电流没有任何阻碍。超导体在 1911 年就被发现了，但是多年以来，科学家们认为超导只有在导体温度极接近绝对零度（-273.15℃）时才会发生。超导现象发生时的温度即为临界温度（Tc）。在大部分 I 型超导体中，首先被确定的是金属或准金属（介于金属与非金属之间的一类物质），并且它们只有在极低的温度下才能发生超导现象。某些合金和金属化合物被划入 II 型超导体，具有更高的临界温度——特别是施加超高压时。直到 1985 年，科学家发现了在普通大气压下具有的最高临界温度为 23.2K（-249.95℃）的超导体——铌的一种合金。

1986 年，"高温"超导研究取得了突破性的进展。1986 年，IBM 苏黎世欧洲研究中心的两位科学家阿列克斯·穆勒（1927 年~ ）和贝德诺尔茨（1950 年~ ）在镧－钡－铜－氧化物陶瓷材料上发现了高温超导电性——尽管陶瓷材料常用做绝缘材料。这种金属氧化物陶瓷材料的超导临界温度约 35K（-238.15℃）。尽管 35K 还是一个超低的温度，但是这个发现暗示找到具有更高超导临界温度的材料是可能的，这就进一步激发了科学家研究的兴趣。就在穆勒－贝德诺尔茨超导新发现发布几个月后，一些实验室用锶代替原来的钡，将超导临界温度提高到 39K（-234.15℃）。1987 年 3 月，中国物理学家朱经武（1941 年~ ）及其同事在美国休斯敦大学，以及阿拉巴马大学的吴茂昆等研究人员，用钇取代原来的金属镧，构成的钡－钇－铜金属氧化物陶瓷材料的超导临界温度升高到 98K（-175.15℃）。他们将其命名为"ibco"，并且根据材料中的三种原子钇、钡、铜组成比例将这类的超导材料称作 1-2-3 化合物。在 1987 年上半年，至少有 800 篇关于高温超导研究的论文发表在科学期刊上，并且在下半年，这方面的论文以每周 30 篇的速度迅速递增。1988 年，许多实验室称，由铊、钡、钙、铜和氧组成的化合物超导临界温度达到了 125K（−148℃）；还有报道称，铊化合物超导临界温度已高达 140K（−133.15℃）。铊基化合物在英国被称为"烟草"。铊类化合物很难被分析，因为其具有超强的毒性。

在许多科学家继续研究陶瓷材料时，另一些科学家则转向了全新的超导研究方向，并在"巴基球"（1985 年富勒发现）上发现了超导性。巴基球是碳原子的三种同素异构体之一（另外两种形式是石墨和金刚石），

●由于低温的作用，超级冷却的超导体使磁铁在其周围"飘浮"，这就是磁悬浮现象。超级冷却的材料也可以产生蒸汽，如图中显示的一样。

巴基球分子（C_{60}）是由 60 个碳原子以球状相互键合而成，外观形状像一个微小的足球。1991 年，ＡＴ＆Ｔ（美国电报电话公司）贝尔实验室研究人员将钾原子掺杂在 C_{60} 中构成 K_3C_{60}，发现其是一种超导体，超导临界温度为 18K（−255.15℃）。其他的研究人员后来改变了 K_3C_{60} 的组成，用铷或铯取代钾原子，其超导临界温度提高到 33K（−240.15℃）；当用铊取代钾时，超导临界温度升高到 42K（−231.15℃）。

1993 年，超导临界温度问题又取得了突破性的进展，在瑞士苏黎世联邦技术研究所，由汉斯·Ｒ·奥特领导的研究小组研制出一种由汞、钡、钙、铜和氧四种元素组成的陶瓷化合物材料，其超导临界温度达到了 133K（−140.15℃）。同年不久，休斯敦大学的朱经武和法国格勒诺布尔极低温度国家研究中心的曼努尔·努伊兹－雷盖罗研制的汞基陶瓷材料在 15 万~ 23 万倍于海平面大气压的超高压条件下，其超导临界温度达到了 153K（−120.15℃）。有些研究小组声称已经发现了室温——300K（26.15℃）——下的超导体，但是没有任何证据证明其真实性。

物理学家们都在积极地寻求有价值的研究成果。低温超导体材料必须浸在液氦中，这既不方便又很昂贵。与之相反，液氮不但丰富、价廉而且使用方便。液氮的沸点为 77K（−196.15℃），适合高温超导体材料的冷藏。

由超导体材料制成的导线用于制造超导磁体。超导磁体在磁分离及医学成像方面有重要作用，而且还可以用于磁悬浮列车。磁体使列车悬浮，消除了列车与车轨之间的摩擦。2003 年 12 月，日本一列磁悬浮列车在山梨磁悬浮测试线上行驶速度高达 581 千米／小时。由超导导线制成的发电机体积只有传统发电机的一半大小，但是其发电效率超过传统发电机的 99%。闭合超导线圈可以储存电流而没有一点损耗，可用来制造零损耗充电电池。

哈勃太空望远镜

自从 1610 年伽利略第一次用自制的望远镜观测月球以来，天文学家就发现地球的大气层限制了观测的范围和清晰度。于是，他们选择在空气稀薄又纯净的高山顶建造天文观测台。1990 年，美国太空总署（NASA）向太空发射了天文望远镜，天文观测因此不会受大气的干扰。

哈勃太空望远镜以美国天文学家埃德温·哈勃（1889～1953 年）的名字命名，以纪念哈勃在 50 多年的天文学研究中的重要地位。哈勃太空望远镜由美国国会于 1977 年提出建造，1985 年建造完成，并于 1990 年 4 月 25 日由"发现号"航天飞机运载升空。该项目耗资 30 亿美元。哈勃太空望远镜沿着一个距地面 607 千米近乎圆形的轨道在地球上空飞行。在望远镜工作期间，可以通过航天飞机上的航天员进行维修或更换部件，必要时也可以用航天飞机将望远镜载回地面大修，然后再送回轨道。

大 事 记
1977 年 美国国会提议建造哈勃太空望远镜
1990 年 "发现号"航天飞机将哈勃太空望远镜送入地球轨道
1993 年 "奋进号"上的宇航员修正了望远镜的光学系统
1997 年 完成第一次服务任务；安装新设备
1999 年 完成第二次服务任务；安装新陀螺仪
2002 年 "哥伦比亚号"上的宇航员升级哈勃太空望远镜

哈勃太空望远镜为铝制圆柱形，长 13 米，直径为 4.3 米，两块长 12 米的太阳能板为望远镜提供电能。两支高增益的天线将信号发送给位于美国戈达德太空飞行中心的地面控制中心。望远镜的光学部分是整个仪器的心脏，它采用卡塞格伦式反射系统，由两个双曲面反射镜组成，一个是口径 2.4 米的主镜、另一个是装在主镜前约 4.5 米处的副镜，口径 0.3 米。投射到主镜上的光线首先反射到副镜上，然后再由副镜射向主镜的中心孔，穿过中心孔到达主镜的焦面上形成高质量的图像，供各种科学仪器进行精

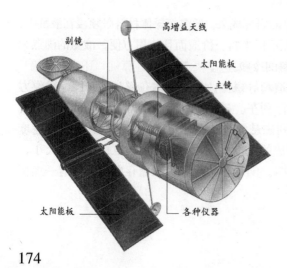

高增益天线

副镜

太阳能板

主镜

太阳能板

各种仪器

● 光从图中左边的位置进入哈勃望远镜，在主镜与副镜间被反射后，进入位于右侧的各种仪器中，包括用于拍摄行星和恒星的照相机、测量光的亮度的光度计。

●在第二次服务任务(1999年)中，哈勃太空望远镜从"发现号"的货舱中升起，被送回原来的作业轨道。

密处理，得出来的数据通过中继卫星系统发回地面。这些经"智能折叠"的光通路尽管只有 6.4 米，但所观测到的效果和具有 57.6 米长光通路的望远镜观测到的效果是相等的。另外，望远镜上安装了 5 台不同种类的检测器。

由于在制造过程中人为原因造成的主镜光学系统的球差，哈勃望远镜所拍摄的第一张照片效果很差，所以不得不在 1993 年 12 月 2 日进行了规模浩大的修复工作。"奋进号"航天飞机上的宇航员用空间望远镜轴向光学修正辅助设备取代了哈勃望远镜上的高速光度计。另外还用新的广视域行星摄影机 −2 拍摄替代了原来的行星摄影机，成功的修复使哈勃太空望远镜性能达到甚至超过了原先设计的目标，观测结果显示，它的分辨率比地面的大型望远镜高出 50 倍。

1994 年 7 月，苏梅克 − 列维 9 号彗星碎片与木星相撞，这被哈勃太空望远镜拍摄下来并发回了十分壮观的照片。望远镜上装配的光谱仪收集了有关木星大气组成的新数据。到 1995 年底，哈勃太空望远镜已经可以拍摄（10 天可曝光）宇宙空间中距离地球十分遥远的天体，比如距离 120 亿光年的昏暗星系。因为地球年龄只有大约 45 亿年，也就意味着所拍摄到的这些遥远的天体在出现地球的 45 亿年前就形成了。

1997 年，"发现号"航天飞机宇航员为哈勃太空望远镜修复了一些"心脏"部位的绝热系统，并安装了一些新设备。1999 年 12 月为哈勃望远镜更换了陀螺仪和新的计算机——安装了 6 个陀螺仪和一台比原来处理速度快 20 倍的计算机，还安装了第三代仪器——高级普查摄像仪，提高哈勃望远镜在紫外 − 光学 − 近红外的灵敏度和成像的性能。1998 年，哈勃天文望远镜在金牛座星系中直接拍摄到了一颗太阳系外行星沿一颗恒星轨道运行；2000 年，它所携带的仪器在另外一个与木星大小相仿的太阳系外行星的大气层里检测到了钠元素。

天文学家正在计划建造价值 20 亿美元的新一代空间望远镜，将于 2010 年发射升空。届时有口径 8 米的设备把可见光与红外光天文观测技术联合在一起。这台天文望远镜 (NGST) 将会在距地球 150 万千米的高空轨道上作业。

克隆动物

1996 年，一只名叫多利的羊羔诞生了。一夜间，它成了世界上最著名的克隆动物。但是，多利并不是第一种克隆动物。事实上，动物克隆已有很长一段历史了。

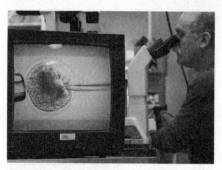

●世界各国的实验室继续对基因进行着持续地研究。图中，在马萨诸塞的科学家正在用吸移管（显示器中矛状物体）将从一个不同种的个体中提取的 DNA 注射入未受精的山羊卵中。

1892 年德国胚胎学家汉斯·杜里舒 (1867 ~ 1941 年) 在显微镜下观察到一颗海胆受精卵分裂成两个细胞，然后，他不断地摇晃盛满海水的烧杯直至这两个细胞分开。每一个细胞继续发育成一个正常的海胆幼体。由此，杜里舒已经制造出了一致的双胞胎或克隆体。

1902 年，另外一位德国科学家汉斯·施佩曼 (1969 ~ 1941 年) 更进一步：他把二细胞期的蝾螈胚胎细胞分离，结果每个细胞均发育成蝾螈成体。在接下来的 40 多年中，施佩曼继续研究克隆的可能性，并预言：将一个分化的成体细胞的细胞核植入原先的细胞核已移除的一个卵细胞中以制造克隆体在未来将成为可能。这就意味着新创造出来的胚胎将是细胞核供体的精确复制体，而不是亲代双方基因的混合体。

施佩曼的预言成为现实经历了两个阶段。1952 年，美国胚胎学家罗伯特·布里格斯 (1911 ~ 1983 年) 和托马斯.J.金 (1921 ~ 2000 年) 把取自北方豹蛙的胚胎的细胞移植到一个去核

●克隆多利的过程：从多利母羊的乳房中提取乳腺细胞(1a)，将此乳腺细胞在低营养条件下培养，阻止其在 DNA 复制开始前进行细胞分裂(2a)。一个卵细胞(1b) 从苏格兰黑脸母羊体内提取出来并且移除它的细胞核(2b)。细胞核从培养的一个多利母羊细胞中提取出来并通过电击与卵细胞融合(3)。细胞开始分裂形成胚胎(4)，然后将之移植到一只怀孕的黑脸母羊子官内(5)。多利出生了——一只与细胞核供体（即多斯母羊）一样的白色绵羊(6)。

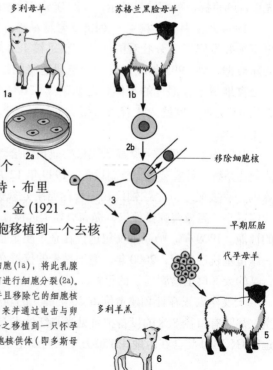

多利母羊　　　苏格兰黑脸母羊

1a　　　1b

2a　　　2b　　移除细胞核

3

早期胚胎

4　代孕母羊

多利羊羔

5

6

●这是维尔莫特与他创造的世界上第一只克隆羊多利的合影照片。多利出生在1996年，在被认为是一项科学突破的同时也引发了一场关于克隆在伦理方面的热烈争论。

的蛙的未受精卵细胞中，结果克隆体正常发育。1958年，英国科学家约翰·戈登（生于1933年）领导一个研究小组在牛津大学进行了相似的克隆实验，用紫外线破坏了非洲爪蛙的卵细胞核，将蝌蚪小肠细胞的细胞核植入该无核卵细胞中，结果，这个"重组卵细胞"发育成了一个正常的爪蛙。戈登的研究证明了已经高度分化的动物体细胞核在卵细胞的环境中，仍然可以保护细胞核全能性，回复到它在分化上的原始细胞状态，并再分化发育成一个完整的个体。

"克隆"一词由苏格兰遗传学家约翰·霍尔丹（1892～1964年）在1963年的最后一次公众演讲中提出来，这个词来源于希腊语"嫩枝"。

1977年，在日内瓦大学工作的德国科学家卡尔·伊尔曼西称已经克隆出三只老鼠，引发了科学界的震动。伊尔曼西称他采用了与之前创造出两栖动物克隆体相同的细胞核转移技术。很快，其他的科学家对其提出质疑，因为哺乳动物细胞要小得多，没有人知道他是如何控制这些细胞完成克隆过程的。伊尔曼西从来没有拿出让人信服的证据，他的声明因此被科学家认为是一个科学谎言。

1984年，丹麦著名的生殖学家斯滕·威拉得森（生于1944年）在剑桥大学表示他以胚胎细胞克隆出第一只绵羊，被认为是采用细胞核移植技术复制哺乳动物的第一个成功案例。1986年，苏格兰生物学家伊恩·维尔莫特（生于1944年）在生物技术研究中心——爱丁堡罗斯林研究所开始研究克隆技术，并且因成功克隆出绵羊"多利"而一举成为世界知名的科学家。在同事的协助下，他成功地从几只母羊的卵巢中提取出未受精的卵细胞，还从一只单体成年母羊乳房提取了一小块组织样本。细胞核从卵细胞中移出，然后融进单个乳腺。这是一个技巧性的过程，因为这种融合必须在这两个细胞处于同一分裂阶段才能发生。一个融合的细胞继续生长，成为早期胚胎，叫作胚泡，然后植入一只成熟雌性绵羊的子宫。这只母羊继而会产下代孕的羊羔，新出生的羊羔即为闻名世界的多利。多利通过正常途径繁育6只小羊羔，但它的健康状况却不佳。2001年，多利患上了关节炎。

自多利以后，越来越多的哺乳动物被克隆出来。1997年，绵羊波利的诞生是基因技术的进一步突破，维尔莫特研究小组先将用于克隆的胚胎成纤维细胞细胞核在体外经人类IX因子基因转导改造，然后再进行克隆后继步骤。其他的克隆动物包括猪、牛、鼠，另外还有2005年克隆的一匹赛马。

人类基因组计划

　　人类基因组计划是人类最宏伟的科学合作工程之一。这是一次探险与发现之旅，为的是全面揭示所有人种的每个人体细胞都携带的基因蓝图。

　　绘制基因图谱始于美国遗传学学家艾尔弗雷德·斯特蒂文特 (1891～1970 年) 的研究工作。当斯特蒂文特还是一位年轻的毕业生时就知道，在一条染色体上的两组基因越相近，生物体在繁育时这两组基因一起传递给下一代的概率就越大。于是他利用这种基因连锁性原理开始绘制果蝇上的基因图谱。

大 事 记	
1911	斯特蒂文特开始测绘果蝇基因组序列
1956	布雷内开始研究蛔虫基因组
1992	人类基因组计划启动
2001	人类全部基因组图谱草图问世
2003	完整的基因组序列测序完成

　　制造一个有机体的全部基因或遗传指令称作基因组。因为所有生物体都是继承前代的基因，所以基因组就提供了有关其祖先的重要信息。对于人类来说，与其他生物体一样，基因代码中的错误或变异将会导致通常是医学上所指的遗传病。

　　基因是染色体上携带的指令。染色体由脱氧核糖核酸 (DNA) 组成，DNA 结构由美国生物物理学家詹姆斯·沃特森 (1928 年～) 和英国生物物理学家弗朗西斯·克里克 (1918～2004 年) 在 1953 年破译。人类基因组是由四个字母：A、T、C 和 G 拼出的代码，这四个大写字母分别代表四种化学碱基：腺嘌呤、胸腺嘧啶、胞嘧啶和鸟嘌呤。这些碱基相互配对，用氢键连接起来，形成 DNA 双螺旋梯形结构中的"梯级"。

　　微生物学家悉尼·布雷内 (1927 年～) 出生在南非，父母是英国人，他的大部分工作都是研究微小的蛔虫——秀丽杆线虫。利用蛔虫这种结构简单的生物作为实验对象，他可以跟踪其细胞分裂过程，还可以诱发其基因突变。布雷内的工作为人类基因研究技术打下了基础。布雷内加入了英国剑桥大学的分子生物实验室，和英国人约翰·萨尔斯顿 (1947 年～) 和美国人罗伯特·霍维茨 (1942 年～) 一道进行基因方面的研究。萨尔斯顿接手绘制了蛔虫每一个体细胞图谱并追溯到其胚胎时期的状态。

●在剑桥大学的桑格测序中心，一位研究人员正在用多通道吸液管制备用于人类基因组计划测序用DNA。

　　到 20 世纪 80 年代末，科学家利用当时已有的技术开始缓慢地将组成所有生物有机体基

●计算机屏幕展示了人类基因中的碱基序列，每一个上部都对应
一个有字母代码的曲线。组成人类基因DNA的4种碱基是：
腺嘌呤(A，绿线)、胸腺嘧啶(T，红线)、胞嘧啶(C，蓝线)
和鸟嘌呤(G，黑线)。

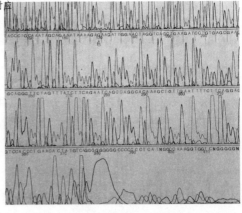

因组的 DNA 序列片断拼接在一起。

萨尔斯顿开始测定蛔虫的基因组序列，他的这项工作走在了 1990 年启动的人类基因组计划的前面。人类基因组计划（HGP）由美国和英国领导，并由多个国家的研究所共同参与完成，旨在为由 30 多亿个碱基对构成的人类基因组精确测序，发现所有人类基因，搞清其在染色体上的位置，破译人类全部遗传信息，并为生物学研究提供依据。这项计划（HGP）预计要用 15 年完成，但事实上提前两年实现了全部的任务。在英国剑桥大学的桑格中心，由萨尔斯顿领导的测序小组完成了约 1/3 的测序任务，而大部分测序任务由美国完成。人类基因组计划得以提前完成，得益于美国塞来拉基因组公司的总裁兼首席科学家 J.克雷格·文特（1946 年~ ）在基因组研究所对基因组测序技术的改进。

但是，正当人类基因组计划平稳快速推进时，在政治上却出现了问题。在这项计划执行期间，巨大的伦理分歧在文特和萨尔斯顿各自领导的小组之间开始出现。文特是私人资助该计划的代表，他领导的塞来拉基因组公司也为此注入了不少资金，主要目的是想通过售卖研究成果获利。而公众资助计划的代表萨尔斯顿主张将研究成果保留或申请专利，于是在两位科学家之间形成了不愉快的鸿沟。

在 2001 年 2 月，两套测序结果分别在英国《自然》和美国《科学》两份权威杂志上发表。两份杂志都印刷了第一份人类全部基因组的细节性图谱草图——包含了占总数 90% 的 30 亿个碱基对的列表。全部的测序任务在 2003 年完成。

对于普通民众来说，人类基因组长且难懂，但是参加测序的科学家却发现它所包含的基因数目出乎意料地少——2.5 万个，这个结果比早先估计的 5 万~12 万个小得多。事实上，人类基因组的数目只是果蝇基因组的 2 倍。

●聚合酶链式反应技术是绘制人类基因组图谱用到的技术之一。这些成排的机器可以制造出用于分析的人类 DNA 片段的精确复制样本。

改变世界的万维网

多年来，人们一直梦想有一个世界共享的信息数据库。这个梦想终于在 1990 年实现了，全球信息网络——万维网的建立使世界各地的用户能获得海量的数据信息，并且用户只需点击鼠标就可以实现即时的交流。

万维网利用电话线或无线电将计算机连接到世界范围的网络里，用户可以即时访问上亿页文档以及视频、电影、音乐。英国计算机科学家蒂姆·伯纳斯－李 (1955 年～) 率先设计了万维网。

早在 20 世纪 70 年代，计算机互联技术就已经存在，高级研究计划局网络 ARPANET 是由美国国防部的高级研究计划局 (ARPA) 的科学家开发的世界上第一个运营的包交换网络，它是全球互联网的始祖。1972 年，ARPA 开始允许外部用户访问该网络。斯坦福大学在 1974 年开发了第一个商业版 ARPA 网络，在接下来的几年中又有一些其他网络也开始运营。

1981 年，纽约城市大学开发了 BITNET 网络投入使用，在美国东部大学的所有科学家都可以使用 BITNET 网络，而与使用该网络的研究所无关，也与计算机使用科学规范无关——倘若他们使用的是 IBM 主机。1982 年，EUNET 网络出现，它将英国、斯堪的纳维亚半岛国家和荷兰的计算机网络相互连接起来。欧洲版的 BITNET 在 1984 年投入使用，被称作欧洲学术与研究网络 (EARN)。

这些网络系统都存在着一个弊端，就是一台计算机以某种形式生成的信息模式很难被另一台计算机读取。这一问题很容易在每一个独立的网络系统里解决，但是属于不同网络系统的计算机却不能相互访问，所以这种网络系统仍然很小。

早在 1974 年，ARPA 和斯坦福大学的科学家就已经设计了一种称作 TCP/IP 协议 (传输控制协议／网络协议) 的系统。按照此协议，处于不同网络系统中的计算机就可以相互传送数据。ARPA 在 1982 年才采用了 TCP/IP 协议。自此以后，所有的网络都可以相互连接在一起，因特网 (或称互联网) 就这样产生了，伴随它产生的还有电子邮件系统。连接到网络的计算机叫作主机，并且电子邮件证明网络已相当流行，到 1984 年，全世界已经有超过 1000 台主机，给网络带来了明显的"交通拥挤"。

计算机之间的信息交流有一定的路径，这就意味着每一台主机必须分配到一个唯一的地址。起初，为每一台主机设置一个名字还绰绰有余，但是到了 1984 年，由于引入了域名服务器，网络系统结构变得更复杂。域名服务器指的是一台存储了域名列表的计算机，并且可以根据域名寻找到链接路径。域名包括 Http:// (超文本传输协议)，

www(万维网)、com(商业机构)、net(网络服务机构)、gov(政府机构)、mil(军事机构)、org(非营利性组织)、edu(教育部门) 和 int(国际机构)，另外还包括国家标示符，比如 uk(英国)、de(德国)、fr(法国) 和 nl(荷兰) 等。

1984 年，拥有英国政府背景的联合学术网（JANET）服务于英国的大学。1985 年，美国国家科学基金会建立了 NSFNET，将因特网的应用拓展到美国每一个校园的所有权人。各联邦政府机构负责分担建立所有这些连接设备的费用。NSFNET 管理者与其他网络的所有者达成一致，并且将 TCP/IP 作为所有加入者指定使用的协议。1988 年，NSFENT 升级了网络系统，从每秒传输 5.6 万比特提高到 154.4 万比特。随着 NSFNET 的开放，尽管实际上仍只有科研和教育人员才允许访问网络，但是因特网用户已从 1986 年的 5000 个迅速增加到 1987 年的 2.8 万个。

1991 年，NSFNET 对私人计算机开放，并且在 1992 年阿尔·戈尔提出了高通量计算技术，俗称"信息超级高速公路"计划。

从 1980 年起，伯纳斯－李在欧洲核研究中心（CERN）粒子物理实验室一直从事软件开发工作，他也在寻找使身在不同国家且使用不同计算机系统的物理学家相互交流的方式。蒂姆·伯纳斯－李设计的第一个程序完成于 1980 年的 6 月到 12 月间，为"ENQUIRE"，它允许某些类型的计算机利用超文本传输协议交换数据，该协议连接不同计算机上的文档，使计算机用户通过可以迅速从一台转移到另一台进行访问。直到 1989 年，伯纳斯－李才得到欧洲核研究中心（CERN）的支持，将 ENQUIRE 发展成更大的系统。到 1990 年底，伯纳斯－李编写了实现这一目的的程序，并命名为万维网。

他将自己编写的程序透露给欧洲核研究中心（CERN）工作人员，并且在 1991 年 8 月将其在因特网上公开，任何人都可以免费使用。万维网就这样诞生了。两年后，欧洲核研究中心（CERN）确认该网络为公共域名。但其发展很慢。1993 年底，只有不足 150 个站点和它连接。但在这一年，位于伊利诺伊州的美国国家超级计算机应用中心的马克·安德森（生于 1971 年）公布了第一个浏览器——Mosaic X，后来更名为 Netscape 浏览器。浏览器可以隐藏文档间的连接。用户不用敲入所需文档的地址而只需简单地点击一下用不同颜色文字表示的超文本链接就可以找到相关文档。因特网连接计算机的地点就是万维网连接文档的地点。如今，互联网大概共有超过 4000 万个网站和超过 43 亿张网页。